AF508892

comme fortifiant et analeptique , dans les affections pul
naires , etc.

3. S. PROLIFÈRE. *Lichen proliferus, Lam.*
dets surmontés de plusieurs autres, qui vont en
minuant de volume.
Sur la terre humide.

4. S. FRANGÉ. *Lichen fimbriatus, L.* Godets d
le sommet porte un rang de tubercules pédicul
Sur la terre humide.

5. S. SANS SCUTELLES. *Cenomyce bacillaris, A*
Feuillage simple et menu, sans scutelles.
Sur les murs, les roches.

6. S. DIFFORME. *Deformis, Merat. Cenomyce*
formis, Ach. Godets ventrus au sommet, vastes
déformés, portant d'autres godets irréguliers ; po
sière jaunâtre ; plus grand que le précédent.
Sur la terre humide , les vieux murs. Commun.

7. S. CORNU. *Cornutus, D. Lichen cornutus,*
Feuilles radicales, lobées et crénelées, d'un v
clair en dessus, blanches en dessous, d'où parte
des tiges cylindriques, rameuses, hautes de 3 à
centimètres, qui s'évasent au sommet en gode
dont le bord porte des tubercules rougeâtres, ta
dis que les autres sont stériles et aiguës.
Sur les montagnes humides.

8. S. GRÊLE. *Lichen gracilis, L.* Même forme q
le précédent, n'en diffère que par ses tiges alo
gées et simples.

9. S. COCCIFÈRE. *Cocciferus, Dec. Lichen coc*
ferus, L. Feuilles petites, radicales, non persi
tantes, d'un blanc verdâtre en dessus, plus bla
ches en dessous, produisant des tiges cylindrique
qui toutes s'évasent, ainsi que les divisions , en u
godet dont les bords portent des tubercules rouge
Sur les murs et les pelouses sèches , les pâtis.

FLORE

DE LA CHAMPAGNE,

DESCRIPTION SUCCINCTE

De toutes les Plantes Cryptogames et Phanérogames

DES DÉPARTEMENTS

DE LA MARNE, DES ARDENNES, DE L'AUBE
ET DE LA HAUTE-MARNE,

Leurs propriétés médicales, usages économiques,
industriels, et intérêt agricole.

MANUEL D'HERBORISATION.

Par M. le docteur REMY père,

MEMBRE DE LA SOCIÉTÉ ACADÉMIQUE DE LA MARNE, ETC.

REIMS,

IMPRIMERIE DE E. LUTON,

Place Royale, 5, et rue Trudaine, 2.

1858.

AVANT-PROPOS.

L'impression de cette Flore, commencée vers
la fin de 1847, fut arrêtée tout-à-coup par la
révolution de Février, l'auteur et l'imprimeur ayant
jugé les circonstances peu favorables aux publica-
tions scientifiques et utiles. L'auteur, qui, comme
tout le monde, se ressentait du délire de l'époque,
ne songeait plus qu'à combattre le socialisme.
Mais dernièrement, l'imprimeur me rappelant que
les trois premières feuilles de ma Flore avaient été
tirées au nombre d'exemplaires convenu, me de-
manda si je voulais faire terminer cet ouvrage :
la raison ayant enfin triomphé, je le priai de
continuer l'impression.

J'ai voulu présenter toutes les plantes qui croissent dans la Champagne, dans le cadre le plus

restreint possible, en ne donnant que les caractères les plus distinctifs, les plus saillants, les plus constants ; évitant les répétitions, les longues descriptions, si fatigantes et souvent si obscures.

J'ai aussi tâché de suivre l'ordre de la nature dans la création et le perfectionnement progressif des végétaux, en commençant par les plantes les plus simples en organisation, les algues, et finissant par celles qui possèdent le plus de parties distinctes, les composées : classification naturelle, où toutes les plantes, selon leur degré d'organisation, leur similitude, sont successivement groupées, puis spécifiées très-succinctement.

D'un autre côté, le mot *famille* m'a paru plus convenable que celui de *genre*, et celui de *famille* est remplacé par le mot *tribu*, *fraction de tribu*, lorsque la tribu, trop nombreuse, permettait, par des caractères tranchés, de la partager pour en faciliter l'étude. J'ai aussi fait des fractions de tribu de beaucoup de familles, dont les caractères le permettaient, en conservant toutefois les noms de ces familles.

Si j'ai créé quelques noms de tribus ou de familles, cela était commandé par l'ordre descriptif que j'ai suivi ; mais toujours en conservant les noms de l'un ou de l'autre des quatre botanistes créateurs de la science : Tournefort, Linné, de

Lamarck et de Jussieu , ét n'adoptant les nouveaux noms qu'après un examen sérieux.

A l'aide de la table analytique, et en supposant quelques notions élémentaires de botanique , on parviendra facilement à placer la plante que l'on a à la main, dans une tribu ou grande famille, et de là on arrivera au nom de l'espèce, en parcourant les caractères spécifiques de chacune , où les premières, lorsqu'elles sont nombreuses , sont les plus communes.

En fait de plantes exotiques, je n'ai mentionné que celles qui paraissent avoir adopté le sol et le climat de la Champagne. Je n'ai aussi indiqué que les propriétés qui me sont bien connues, ou incontestables.

Mon but, enfin, a été de populariser la connaissance des plantes qui croissent dans la Champagne, d'ouvrir la voie à une science d'agrément, éminemment utile, par une méthode concise et naturelle, et un mode descriptif qui ne peut laisser d'équivoque, et non une science aride et pénible, dans laquelle le microscope menace de nous jeter, en faisant changer les noms, selon le nombre des botanistes.

Cette Flore, sans doute, que je ne donne que comme un essai, n'est pas exempte d'omissions et d'erreurs. Depuis plus de 40 ans que j'y travaille, j'en reconnais encore tous les jours, et le catalogue des plantes du département de la Marne, de M. le comte de Lambertye, bien méthodiquement arrangé, est venu me faire voir aussi quelques erreurs.

La première partie (Cryptogames acotylédons) doit laisser à désirer, je le pense ; de même que je ne prétends pas avoir exactement exploré les limites sud-est et nord de la Champagne, où l'on m'a indiqué des plantes que je n'ai pas rencontrées.

Table analytique

DES

TRIBUS OU AGGLOMÉRATIONS DES FAMILLES.

Pages.

Racines, tige, feuilles et fleurs in-
distinctes.
**CRYPTOGAMES ACOTYLE-
DONÉES.**

- ALGUES. 2
- LICHENS. 11
- CHAMPIGNONS. 26
- HYPOXYLÉES. 75

Fleurs seulement indistinc-
tes.
**CRYPTOGAMES MO-
NOCOTYLEDONÉES.**

- HÉPATIQUES. 97
- MOUSSES. 77
- FOUGÈRES. 85
- ARTICULÉES AQUATIQUES. 88

Fleurs distinctes : plantes ne croissant qu'en longueur.
PHANÉROGAMES MONOCOTYLÉDONÉES.

Périanthe remplacé par une spathe mem-
braneuse celluleuse.
- LEMNACÉES. 90
- NAÏADE. 92

Périanthe herbacé, à 4 ou 6 divisions.
- POTAMÉES. 90
- JONCAGINÉES. 92

Ecailles ou soies remplaçant le périanthe
à spadice très-saillant.
- AROÏDÉES. 92
- TYPHACÉES 92

Glumes tenant lieu de périanthe, tige cylindrique.
CYPÉRACÉES. 93

Epis à écailles imbriquées, deux écailles soudées (utricule)
remplaçant le périanthe ; feuilles tristiques, tige tri-
quètre.
CARIGÉES. 95

Périanthe membraneux scarieux, à bractées. JONCÉES. 98

Glumes (balles). glumelles ou glumellules, tenant lieu
de périanthe ; tige, chaume.
GRAMINÉES. 99

PÉRIANTHE PÉTALOIDE.

A six divisions, remplaçant calice et corolle, monocotylédons pétiolaires dioïques. HYDROCHARIS. 110 / TAMUS. 111

A divisions du périanthe très-inégales, fleurs hétéroclites. ORCHIDÉES. 111

Plantes bulbeuses, à fleurs munies d'une spathe membraneuse, périanthe pétaloïde coloré. IRIDÉES. 114 / NARCISSÉES. 115

Périanthe pétaloïde coloré très-régulier. LILIACÉES. 116

—   en ombelle simple ou globuleuse. ALLIACÉES. 118

—   fruit bacciforme, charnu, polysperme. ASPARAGINÉES. 119

—   dont les trois divisions extérieures persistantes; les intérieures fugaces; plantes aquatiques. ALISMACÉES. 120

Plantes levant par deux feuilles, constituées par des racines, des tiges, des branches, des feuilles et des fleurs.

DICOTYLÉDONÉES.

DICOTYLÉDONÉES APÉTALES.

Fleurs sans pétales, ni sépales.
Fruit, cône. CONIFÈRES. 121
Baies. CUPRESSINÉES. 122
Chatons. AMENTACÉES. 123
Cupules. CUPULIFÈRES. 125
Aquatiques. CALLITRICHE. 127 / CERATOPHYLLUM. 127

Fleurs verdâtres en glomérules.
Fleurs avec calice, sans corolle. URTICÉES. 127

Fruit, samare, membraneux dans sa circonférence. ULMACÉES. 128

Fruit déprimé, enveloppé dans le calice persistant induré. CHENOPODÉES. 129

Graines trigones. POLYGONÉES. 131

Calice monosépale en tube. PIMPRENELLÉES. 134

Calice monophylle, coloré. ARISTOLOCHIÉES. 135

Involucre caliciforme, gamophylle, en ombelle. EUPHORBIACÉES. 135

PÉTALÉES.

Fleurs pourvues d'un calice et de pétales. — Pétales insérés sur le calice. — Ovaire soudé avec le calice.
Plantes charnues, 5 sépales, 5 pétales, 10 étamines.
SAXIFRAGÉES. 137
Calice à long tube, limbe 4-partite.   ÉPILOBIÉES. 138
— à tube court, plantes nageantes.
MYRIOPHYLLÉES. 139
Fleurs disposées en ombelles, blanches ou jaunes, les caucalis rougeâtres.   OMBELLIFÈRES. 140
Arbrisseaux à baies succulentes. BACCIFÈRES PÉTALÉES. 148
Arbres, 5 sépales soudés en tube avec l'ovaire, 5 pétales caducs, étamines nombreuses.   POMACÉES. 149
Cinq pétales en roue, 5 sépales non soudés, étamines nombreuses, fruit composé de carpelles. ROSACÉES 151
Feuilles épaisses, f. rosacées, fruits succulents à carpelles, plantes grasses.   CRASSULÉES. 156
Petites plantes rosacées, ramifiées sur la terre, a capsules membraneuses.   PARONICHIÉES. 157
Deux sépales; plante à feuilles charnues couchées sur la terre, ou aquatiques.   PORTULACÉES. 158
Fleurs verticillées en épis assez longs; calice à 8-12 divisions, 4-6 pétales.   SALICAIRES, LYTHRARIÉES. 158
F. papilionacées; fruit, légume, légumineuses.
PAPILIONACÉES. 159
Arbres peu élevés; baies noires à noyaux; fleurs jaunes verdâtres, axillaires.   RHAMNÉES. 168
Etamines et pistils nombreux, calice à sépales colorés, pétales nuls.   APÉTALES RENONCULÉES. 169
Sépales et pétales colorés; carpelles nombreux terminés en bec par le style persistant.   RENONCULÉES 171
Follicules ou carpelles déhiscents, polyspermes.
FOLLICULEUSES RENONCULÉES. 173
Carpelle bacciforme, indéhiscent.
BACCIFÈRES RENONCULÉES. 175
Arbrisseaux épineux; f. jaunes, petites, en grappes; baies rouges, oblongues, acides.   BERBÉRIDÉES. 175
Fleurs pendantes, à éperon, ponctuées de rouge en dedans.   BALSAMINÉES. 175
Plantes à larges feuilles cordées et pétiolées, nageantes, f. jaunes ou blanches.   NYMPHÉACÉES. 176
Petites plantes sous-frutescentes à feuilles nombreuses, sessiles, luisantes, raides; f. en grappes unilatérales dressées.   POLYGALÉES. 176
Arbre élevé; fleurs à pédoncules soudés dans une partie

de leur longueur avec une bractée membraneuse, blanchâtre, oblongue.   TILIACÉES. 177

Petite plante ; calice à deux sépales pétaloïdes ; pétale supérieur prolongé en éperon.   FUMARIÉES. 177

Calice à sépales libres. Calice à deux sépales.   PAPAVÉRACÉES. 178

Quatre sépales, 4 pétales en croix, 6 étamines tétradynames.   CRUCIFÈRES. 179

Plantes décolorées, blanchâtres, charnues ; des écailles au lieu de feuilles ; f. latérales 4 pétales et 8 étamines, la terminale à 5 pétales et 10 étamines ; parasites sur les pieds d'arbres.   MONOTROPÉES. 189

Petites plantes à f. solitaires, penchées, munies de deux bractées.   VIOLACÉES. 189

Sépales et pétales à préfloraison contournés en sens inverse.   CISTINÉES. 190

Tiges dichotomes ; f. à stipules membraneuses ; pédoncule à une ou deux fleurs, carpelle à bec.   GÉRANIÉES. 191

Fleurs régulières, bleues ou blanches ; f. petites, sessiles ; pétales caducs.   LINÉES. 192

Calice à sépales soudés entre eux.

Tiges à articulations renflées, pétales à onglet allongé.   CARYOPHYLLÉES. 193

Plantes à suc mucilagineux, à capsules en plateau, à carpelles nombreux.   MALVACÉES. 199

Feuilles opposées, ponctuées de glandes transparentes ; fleurs jaunes bordées de points glanduleux noirs.   HYPÉRICÉES. 200

Fleurs jaunâtres ou blanchâtres, en grappes spiciformes terminales.   RÉSÉDACÉES. 201

Plantes marécageuses ; feuilles pétiolées en rosette radicale ; fleurs blanches en grappes spiciformes.   DROSÉRACÉES. 202

Plantes à suc acide ; feuilles trilobées à folioles obcordées.   OXALIDÉES. 202

Arbres peu élevés, à petites fleurs blanchâtres, à capsule cartilagineuse, à 3 à 5 lobes rosés à la maturité.   EVONYMÉES. 203

Arbres à sève sucrée, à feuilles palmatilobées ; fruit à 2 coques a ailes membraneuses, à duvet en dedans.   ACÉRÉES. 203

MONOPÉTALES COROLLÉES.

Corolle insérée sur le réceptacle, étamines insérées sur la corolle.

Corolle irrégulière.
Fruit akène dans le calice ; corolle bilabiée.

GLOBULARIÉES. 204

Fleurs petites, bleuâtres, subilabiées, en épis.

VERBENACÉES. 205

Corolle bilabiée ; tiges tétragones ; feuilles opposées.

LABIÉES. 205

Plantes jamais vertes, parasites sur les racines des autres
plantes ; tiges épaisses, à écailles ; fleurs d'un blanc
sale, bilabiées, en épis. OROBANCHÉES. 213

Plantes aquatiques ; calice et corolle bilabiés ou en gueule ;
feuilles multiséquées, en rosette, à segments filiformes
le long des rameaux. LENTIBULARIÉES. 214

Corolle à 5 divisions, en gueule, ou à 4 divisions rotacées, la supérieure plus grande. PERSONNÉES. 215

Plante élevée, 5 étamines à poils colorés. Fruit capsulaire,
biloculaire, à 2 valves déhiscentes. VERBASCÉES. 222

Fleurs corollées régulières. 223

Plantes d'un aspect sombre, à odeur vireuse, à suc nauséabond, à fruit bacciforme ; baie pulpeuse, ou sèche,
polysperme. SOLANÉES. 223

Plantes hérissées ou velues, à suc nitreux ; f. ord. entières,
fleurs sur 2 rangs en grappes dressées.

BORRAGINÉES. 227

Plantes volubiles, traînantes, traçantes, ou parasites après
les tiges. CONVOLVULÉES. 230

Plantes très-amères ; à corolle marcescente, persistante,
à préfloraison contournée, ou valvaire indupliquée.

GENTIANÉES. 232

Arbrisseaux ou arbres. Baies ou capsules bivalves, presque ligneuses ; f. épineuses. LILACÉES. 234

Plantes à pédoncules radicaux florifères ; feuilles radicales ; fruit capsulaire, membraneux. PLANTAGINÉES. 235

Sous-arbrisseaux très-rameux, en touffes, à feuilles
persistantes. ERICÉES. 236

Fleurs solitaires, axillaires ; fruit capsulaire, globuleux ;
calice et corolle 5-partites, 5 étamines, 5 valves capsulaires. PRIMULACÉES. 237

Fruit bacciforme ou didyme.
Plantes à tiges ord. tétragones, denticulées, accrochantes ;
fleurs verticillées ; fleurs en cyme trichotome ou dichotome ; calice caduc ; corolle rotacée. GALIÉES. 239

Tiges sarmenteuses herbacées ; fleurs axillaires solitaires ;
tige grimpante, accrochante par ses vrilles.

CUCURBITACÉES. 242

Baies couronnées par le limbe du calice **ou** la cicatrice
qu'il y a laissée ; mellifères et corymbifères.
                          CAPRIFOLIÉES. 243
Petits sous-arbrisseaux, à feuilles luisantes, coriaces, à
baies sucrées, succulentes, acides, ombiliquées.
                          VACCINIÉES. 245
Fleurs à corolle campanulée ou rotacée, à 5 lobes ;
feuilles alternes ; fruits capsulaires, couronnés par les
divisions du calice, polyspermes. CAMPANULÉES. 246
Fruit sec, monosperme ; corolle en entonnoir.
                          VALÉRIANÉES. 248
Fleurs en forme de capitules solitaires ; chaque fleur
munie d'involucelle et d'un calice, et le capitule muni
d'involucre, à aiguillons ou sans aiguillons.
                          DIPSACÉES. 250
Fleurs en capitules, flosculeux, radiés, ou semi-flosculeux,
sessiles sur un réceptacle commun ; à involucre composé de folioles, d'écailles herbacées, épineux, scarieux
ou membraneux ; fruit akène, monosperme, indéhiscent.   COMPOSÉES. 251
Flosculeuses épineuses.   251
        —   en corymbe.   255
        —   radiées.   259
Semi-flosculeuses, pissenlits.   265
        —   chicoracées.   267
Fleurs diclines en épis, ambrosiacées.   273

FLORE DE LA CHAMPAGNE,

De toutes les Plantes cryptogames et phanérogames des départements de la Marne, des Ardennes, de l'Aube et de la Haute-Marne.

Les végétaux se partagent naturellement en trois séries, suivant l'ordre de leur création, le degré de leur organisation, ou l'état de leur développement adulte.

1°. Les végétaux inférieurs : cryptogames, de *Linné*; acotylédons, de *De Jussieu*; inembryonés, de *Richard*; agames, de *Necker*; ætéogames, de *Palisot-Beauvois*; celluleuses, de *Decandolle*; agènes, de *Lestiboudois*, et que je propose de nommer :

ATELEPHITES, plantes incomplètes, les plus simples dans leur organisation, formées par une substance presque homogène, cellulaire, sans racine, ni tige, ni feuilles et ni fleurs; seulement des expansions, de formes particulières, contenant les semences sans cotylédons ni enveloppes propres (spores), ou embryons homogènes, variant pour chaque tribu. Des végétaux qui parcourent les périodes de leur vie à l'état rudimentaire : les algues, les lichens et les champignons.

2°. Les végétaux intermédiaires : monocotylédons, de *De Jussieu*; endogènes, de *Decandolle*; endorhises, de *Richard*; monogènes, de *Lestiboudois*, que je propose de nommer :

MÉSOPHITES, plantes herbacées (dans le départe-

ment de la Marne), à un seul cotylédon, qui lèvent
par une feuille, ont toujours un chevelu pour racine, poussent une tige qui se développe en longueur et jamais en diamètre; feuilles embrassantes,
lancéolées, allongées, entières, à nervures parallèles; fleurs terminales, à périanthe tenant lieu
de calice et de corolle. Les plantes bulbeuses, les
graminées, etc.

3°. Les végétaux à organisation complète : dicotylédons, de *De Jussieu;* exogènes, de *Decandolle;*
exorhises, de *Richard;* digènes, de *Lestiboudois*,
que je propose également de nommer :

TELEPHITES, plantes herbacées ou ligneuses, à
semences dont l'embryon offre la radicule, la tigelle
et deux cotylédons, levant par deux feuilles, produisant une racine ramifiée, une ou des tiges ramifiées, à feuilles nombreuses de diverses formes, et
fleurs plus ou moins complètes ; croissant en diamètre comme en longueur; à corolles monopétales,
polypétales ou apétales.

PREMIÈRE SÉRIE DE LA VÉGÉTATION.

Les ATELEPHITES, ou cryptogames, acotylédons, plantes seulement celluleuses, première formation végétale, offrent quatre immenses tribus de
l'organisation végétale la plus simple.

1re Tribu. — Les ALGUES.

Végétation dans l'eau, expansions membraneuses, filamenteuses, rubaneuses, flottantes,

fixées à un corps ferme, dont les cellules contiennent les semences ou gongyles.

1re *Fraction*. — ALGUES MEMBRANEUSES.

Nostoch, *Vaucher.*

Végétation ou matière gélatineuse, spongieuse, membraneuse, dans l'eau ou sur la terre mouillée.

1re *Famille*. LINKIE. *Linkia*, *L*. Masse gélatineuse contenue dans une membrane ou enveloppe verdâtre.

1. L. COMMUNE. *Vau. Tremella nostoch, L. Nostoch.* Gelée verdâtre contenant des filaments.
Sur la terre, à l'ombre, après les pluies.
Jadis employée contre le cancer.

2. L. LICHENOÏDE. *Nostoch lichenoïdes, Vau.* Matière spongieuse, noirâtre et couverte de grains noirs.
Sur les arbres et les pierres, après les pluies.

3. L. CORIACE. *Nostoch coriaceum, Vau.* Matière membraneuse lobée, crépue, jaunâtre.
Sur la terre humide des marécages.

4. L. SPHÉRIQUE. *Nostoch sphericum, Vau. Ulva granulata, L.* Boulettes, d'un jaune verdâtre, isolées ou réunies.
Sur la terre humide, permanente.

5. L. VERRUQUEUSE. *Nostoch verrucosum, Vau.* Tubercules fermes, d'un vert foncé, dont l'enveloppe se crève à la fin de l'automne et laisse sortir une gelée filamenteuse.
Attachée aux pierres dans l'eau.

6. L. LACINIÉE. *Nostoch laciniatum, Dec. Tremella laciniata, Bul.* Petits amas d'une matière d'un vert bleuâtre, crépus, fermes.
Sur la terre et les mousses humides.

7. L. VÉSICULAIRE. N. *vesicarium, Dec. Tremella vesicaria, Bul.* Matière membraneuse, ferme, en forme de vessie, rousse verdâtre, contenant un liquide glutineux, qui se crève, se ride et reste attachée au sol.

Sur les terres fangeuses, au printemps et en automne.

2me *Famille.* ULVE. *Ulva, L.* Membrane granuleuse, sans gelée ni filaments.

Étalée.

1. U. TERRESTRE. U. *terrestris, Roth.* Plaques foliacées, ridées, lobées, de 5 centimètres de largeur, d'un vert clair.

Sur la terre humide des allées ombragées, où la réunion des plaques en forme de très-étendues.

2. U. GLOBULEUSE. U. *minima, Vau.* Petits globules d'un vert foncé.

Attachée aux pierres dans les ruisseaux, au printemps.

Tubuleuse.

3. U. INTESTINALE. U. *intestinalis, L.* Tubes grêles, à renflements irréguliers, verdâtres, jaunâtres.

Dans les eaux tranquilles, où elle flotte.

4. U. CONFERVOÏDE. U. *confervoïdes, L.* U. *intricata, Thuillier.* Tubes se renflant régulièrement, verts, se chargeant d'un pulvérulent grisâtre.

Dans les ruisseaux.

2me *Fraction.* — **ALGUES FILAMENTEUSES.**

CONFERVES, Conferva, *L.*

Végétations filamenteuses, simples ou articulées, dont les filaments contiennent une matière verte et les séminules ou gongyles. N'habitent que les eaux.

1re *Famille.* CONFERVES. *Conferva, L.* Filaments cloisonnés, contenant entre les cloisons une matière verte, séminifère, déposée d'un filament à l'autre, en s'accouplant pour produire les gongyles, qui ne sortent que par la destruction de la plante ; d'un vert jaunâtre.

Dans les eaux stagnantes.

1. C. JAUNATRE. *C. lutescens, Dec. C. bullosa, L. Conjugata lutescens, Vau.* Amas de filaments jaunâtres, muqueux.

Commune dans les fossés d'eau, où elle produit des bulles d'air à sa surface par son activité à décomposer l'eau.

2. C. GÉNUFLEXE. *C. genuflexa, Roth. Conjugata angulata, Vau.* Filaments articulés, coudés, jaunâtres, s'accouplant par le sommet des angles des coudes.

Dans les fossés, en tous temps.

3. C. GRÊLE. *C. gracilis, Dec. Conjugata gracilis, Vau.* Filaments grêles, verdâtres, à loges alongées remplies de matière verte, puis de globules après l'accouplement.

Dans les fossés d'eau stagnante, souvent en compagnie de la précédente.

4. C. PORTIQUE. *C. porticalis, Mull. Conjugata porticalis, Vau.* Ainsi nommée à cause des trois séries de points disposés en spirales, imitant des portiques, renfermées dans les loges des filaments de cette grande espèce.

Commune au printemps dans les eaux stagnantes.

5. C. JUGALE. *C. jugalis, Mull. Conjugata princeps, Vau.* Longs filaments, rudes, un peu frisés, dont l'extrémité relève hors de l'eau, à matière verte en spirales dans chaque loge.

Dans les étangs, au printemps et en automne.

6. C. ÉTOILÉE. *C. stellina, Mull. Conjugata stellina, Vau.* Filaments à loges contenant des étoiles formées par la matière verte.

Dans les eaux stagnantes.

7. C. ENFLÉE. C. *inflata, Dec.* Conjugata—, *Vau.* Filaments à loges renfermant trois spirales de matière verte, se renflant au moment de leur réunion, et contenant ensuite des globules ovoïdes.

Dans les fossés d'eau, au printemps.

8. C. CROISÉE. C. *decussata, Dec.* Conjugata —, *Vau.* Filaments fréquemment croisés; attribué à leur accouplement, dont l'effet est de changer la matière verte étoilée en globules reproducteurs.

Dans les eaux des marais.

9. C. FLOCONNEUSE. C. *floccosa, Dec.* Prolifera—, *Vau.* Flocons épais, verts, formés de filaments déliés, dont chaque loge contient un globule, et dont les filaments ne s'accouplent pas.

Dans les eaux.

2me *Famille*. VAUCHERIE. *Vaucheria, Dec.* Filaments non cloisonnés, portant des tubercules reproducteurs.

1. V. RAMEUSE. V. *ramosa, Dec.* Ectosperma—, *Vau.* Ramification filamenteuse, verte, à pédicules se divisant et portant sur chaque division un grain, hors la dernière, qui se termine par un crochet.

Commune au printemps, dans les fossés.

2. V. TERRESTRE. V. *terrestris,, Dec.* Ectosperma —, *Vau. Byssus velutina, L.* Entrelacement de filaments verts et courts, à pédicule simple, portant un grain sur le dos et prolongé en crochet.

Commune sur la terre et les masures humides.

3. V. MULTICORNE. V. *multicornis, Dec.* Ramification filamenteuse verte, à pédicules rameux, portant, la plupart, des divisions, un grain, et les autres des crochets.

Dans les eaux croupissantes.

4. V. CRUCIALE. V. *cruciata, Dec.* Ectosperma —,

Vau. Filaments peu rameux, verts, à pédicule tri-fide, dont celui du milieu se divise encore en trois.
Dans les eaux stagnantes.

5. V. HAMEÇON. V. *hamata*, Dec. *Ectosperma*—, *Vau.* Filaments jaunâtres, simples, à pédicule bi-fide, dont une division est en crochet, et l'autre sé-minifère.
Elle forme des tapis au fond de l'eau.

6. V. GAZON. V. *cespitosa*, Dec. *Ectosperma*—, *Vau.* Gazons d'un vert noirâtre au fond des rivières et des ruisseaux, composés de filaments portant deux grains au sommet, qui se prolonge en pointe.

7. V. GEMINÉE. V. *geminata*, Dec. Filaments d'un vert sale, à pédicules trifides, dont l'intermédiaire se termine en pointe, et les deux autres séminifères.
Dans les fossés d'eau stagnante.

8. V. SESSILE. V. *sessilis*, Dec. *Ectosperma* —, *Vau.* Filaments portant un ou deux grains par place, du milieu desquels part un filament crochu.
Dans les eaux croupissantes.

3ᵐᵉ *Famille.* LEMANÉE. *Lemanea*, Bory-Saint-Vincent. Rameaux articulés, à gemmes extérieurs, qui se détachent pour produire d'autres plantes: rigides, croquant sous la dent, et noircissant en séchant.

1. L. CORALLINE. L. *corallina*, Bory. *Chantransia fluviatilis*, Dec. *Conferva* —, L. Filaments fermes, brunâtres, longs de 12 à 20 centimètres, partant d'une plaque cartilagineuse; gros comme un crin: finissant par former une espèce de croûte.
Commune sur les pierres, les bois submergés, près des moulins.

2. L. COURBÉE. L. *incurvata*, Bory. *Chantransia torulosa*, Dec. Filaments d'un vert obscur ou rou-

geâtre, courbés d'un même côté, partant d'une petite plaque appliquée sur un corps dur.
Dans les courants d'eau rapide.

3. L. NODULEUSE. L. *nodulosa, Drap. Chantransia dichotoma, Dec.* Filaments à articles en cônes renversés dichotomes, d'un vert noirâtre.
Sur les pierres, dans les ruisseaux.

4. L. CAPILLINE. L. *Batrachosperma, Bory.* Touffes de filaments noirâtres, articulés, ramifiés, de 6 centimètres de long.
Dans les fontaines tranquilles.

5. L. SÉTACÉE. L. *setacea, B. Chantransia atra, Dec.* Touffes de filaments fins, articulés, moitié moins longs que ceux de la précédente.
Aussi dans les fontaines peu agitées.

6. L. LUDIBONDE. *Batrachospermum ludibunda, Bory. B. moniliformis, Vau. Conferva gelatinosa, L.* Houppe verticillée de filaments bruns, articulés, terminés par un cil transparent, et formant comme une masse de grains de chapelets.
Commune sur les pierres, dans les ruisseaux.

4me *Famille.* PROLIFÈRE. *Prolifera, Vau.* Filaments rameux, cloisonnés, renfermant dans chaque article une multitude de petits grains reproducteurs.

1. P. GLOMÉRÉE. *Conferva glomerata, L. Polysperma glomerata, Vau. Chantransia —, Dec.* Filaments verts très-rameux, formant des touffes épaisses qui acquièrent 30 centimètres d'étendue.
Toute l'année, sur des pierres, dans l'eau courante.

2. P. RIVULAIRE. P. *rivularis, Vau. Conferva —, L. Chantransia —, Dec.* Longs filaments verts, rudes au toucher, renflés par places, à articles alongés ; nageante à la surface des ruisseaux, où elle s'entortille autour des corps voisins.

On peut, comme de beaucoup d'autres, en faire du papier.

3. P. CRÉPUE. *P. crispa*, *Vau.* *Chantransia*, *Dec.* Touffe d'un vert foncé, comme feutrée, formée de filaments à rejets subulés.

Flottante sur les eaux des ruisseaux.

5me *Famille*. DRAPARNALDE. *Draparnaldia*, *Bory.* Filaments rameux, cylindriques, terminés par un cil alongé transparent.

1. D. PLUMEUSE. D. *hypnosa*, *B.* *Batrachospermum plumosum*, *Vau.* Petite touffe de filaments cloisonnés, dont les divisions rameuses sont terminées, la plupart, par un cil transparent.
Attachée au fond des fontaines.

2. D. VARIABLE. D. *mutabilis*, *B.* *Batrachospermum glomeratum*, *Vau.* Filaments rameux formant houppe, d'un vert foncé, à cils transparents.
Sur les pierres, dans les eaux courantes, en hiver.

3. D. INTRIQUÉE. D. *intricata*, *B.* *Batrachospermum*, *Vau.* Mamelons gélatineux, d'un beau vert, arrondis, que l'on rencontre à la source des petites fontaines.

6me *Famille*. HYDRODYCTION. *Roth.* Sac sans ouverture, cylindrique, à mailles polygones, se reproduisant par la séparation de chacun des filaments composant les réseaux du sac.

1. HY. PENTAGONE. H. *pentagonum*, *Vau.* *Conferva reticulata*, *L.* Espèce de sac alongé à mailles polygones, variant pour la couleur, flottant sur l'eau, de 6 à 9 centim. de long sur 5 de large.
Dans les eaux tranquilles, vers le mois d'août.

3ᵐᵉ *Fraction.* — ALGUES A PROLONGEMENTS CYLINDRIQUES.

Les Characées, *Richard.*

Végétation dans l'eau, à prolongement sous forme de tige cylindrique, articulée, rameuse, ramuscules verticillés portant les organes de la fructification, anthéridés et sporanges : les premiers, globules rouges ; les deuxièmes, spores ovoïdes contenant des granules dans une pulpe.

1ʳᵉ *Famille.* CHARAGNE. *Chara, L. Girandole.* Articles formés de tubes en spirales ; sporanges entourés de 4 bractées ou plus, couronnées de 5 dents placées au-dessus des anthères.

1. C. FÉTIDE. C. *fœtida, Al. Braun.* C. *funicularis, Th.* C. *vulgaris, Suc.* Prolongement rameux d'un blanc glauque, pulvérulent, rude, de 10 à 25 cent. de long ; involucres sur les ramuscules, contenant une sporange et les anthères au-dessous.

Eaux stagnantes, mares. Vendeuil, *Menaud ;* Livry, *Remy ;* canal, à Reims, *de Belly ,* etc.

2. C. HISPIDE. C. *hispida, L.* Prolongements glauques assez gros, longs de 50 à 60 centimètres, chargés de pointes ; ramuscules verticillés portant les anthérides, les involucres et les sporanges.

Mares, étangs, eaux tranquilles. Reims, marais, *Saubinet.* Puisard de la Prèle, à Livry, *Remy ,* etc.

3. C. FRAGILE. C. *fragilis, Desvaux.* C. *vulgaris, L.* C. *globularia, Th.* C. *pulchella, Wallr.* Prolongements roides, verts, fragiles, longs de 20 à 50 centimètres ; bractées plus courtes que la fructuation, qui est assez proéminente à la face interne des ramuscules.

Eaux stagnantes, mares, bords des étangs. Marais de

Beaumont, *de Belly;* Champigny, *Saubinet;* à Livry,
Remy; les Godins, au-dessus d'Œuilly, etc.

2me *Famille*. NITELLE. *Nitella, Agardh*. Prolongements diaphanes, articles composés d'un seul tube, anthérides placés au-dessus des sporanges. Dioïques ou monoïques.

1. N. SYNCARPE. N. *syncarpa*, *C.* et *G*. *Chara*—, *Th*. *C. capitata, Nec*. Prolongements d'un vert luisant, grêles, de 18 à 56 centim. de long; fructification dioïque, dépassée par les involucelles, se montrant en juillet.

Eaux stagnantes, étangs. Marais de Saint-Brice, *Levent;* canal, à Reims, *de Belly;* étang de la ferme Gaucher, Igny-le-Jard, *Cte de Lambertye;* les Godins, au-dessus d'Œuilly. Rare.

2. N. TRANSPARENTE. N. *translucens*, *C.* et *G*. *C. translucens, Pers*. *C. flexilis, L.* Prolongements verts, transparents, de 60 centim. de long, souvent avec des anneaux calcaires; ramuscules verticillés, stériles ou fertiles; fructification monoïque agglomérée.

Eaux stagnantes, étangs dans les bois. Commune dans les étangs de la forêt de Saint-Martin.

2me Tribu. — Les LICHÉNÉES.

Expansions polymorphes, crustacées ou coriaces, membraneuses ou pulvérulentes, rameuses, filamenteuses ou foliacées, de couleur grisâtre, etc.; fructification consistant en cupules, apothecium, tuberculeuses ou en écussons, membraneuses ou charnues, contenant des gongyles secs.

Après les algues, végétation dans l'eau, apparaissent les lichens, végétation dans l'air, au sec.

Les lichens ne sont pas parasites, comme les champignons et les hypoxilés; ils absorbent dans l'air et l'humidité atmosphérique leurs éléments de nutrition, qu'ils élaborent par leur vie, pour, par leur mort, constituer une terre végétale dont ils couvrent la surface qu'ils occupent. Ils se comportent dans l'air comme les algues dans l'eau. Ainsi, vivant sur les roches, la terre et les arbres, au lieu d'y prendre, ils y déposent de la terre végétale.

1re *Fraction*. — **LÉPRIFORMES.**

Réceptacle pulvérulent placé sur une croûte.

1re *Famille.* LÈPRE. *Lepra, Viq. Lepraria, Ach.* Croûte composée de globules pulvérulents, étalée et irrégulière.

Espèces noires.

1. L. FULIGINEUSE. *Fuliginea, Bouch.* Croûte mince, unie, fendillée, parsemée de proéminences obtuses, luisantes.
Sur les écorces d'arbres.

2. L. DES ANTIQUITÉS. *Antiquitatis, Dec.* —byssusante, *L.* Croûte noire, adhérente aux anciennes statues et aux rochers qu'elle recouvre, composée de paquets de globules durs.

Espèces grises ou blanches.

3. L. LAITEUSE. *Lactea, Dec. Byssus lactea, L. Lichen lacteus, Hoff.* Croûte blanche, grenue, rugueuse.
Abondante sur les troncs d'arbres, les mousses, etc.

4. L. INCANE. *Incana, Ach. Lichen incane, Hoff.* Croûte épaisse, blanchâtre, grisâtre en vieillissant.
Sur les écorces d'arbres.

5. L. LÉIPHÈME. *Leiphœma, Dec*. Croûte grisâtre ou verdâtre, mince.

Sur le hêtre, le chêne, etc.

6. L. CRÉTACÉE, *Th*. Croûte d'un blanc de craie, épaisse.

Assez commune sur les roches, etc.

Espèces jaunes.

7. L. JAUNE. *Flava, D*. Croûte mince, grenue.

Sur les poutres et écorces.

8. L. OBSCURE. *Obscura, Dec*. Croûte épaisse jaunâtre.

Sur les écorces et les vieilles poutres.

9. L. CHLORINE. *Chlorina, Dec*. Croûte jaune verdâtre, épaisse, étalée.

Sur les roches.

Espèces verdâtres

10. L. BOTRYOÏDE. *Byssus botryoïde, L*. Croûte verdâtre, fendillée.

Sur les murs, la terre, etc.

2ᵐᵉ *Famille*. VARIOLAIRE. *Variolaria, Ach*. Croûte solide, étalée, à réceptacles d'abord couverts de poussière blanche, puis se creusant en coupe.

1. V. COMMUNE. *Orbiculata, Hoff. Lichen fargineus, carpineus, L*. Plaques très-étendues, blanchâtres, quelquefois à bordure noire un peu épaisse.

Sur les écorces des hêtres, charmes, aunes, pins, etc.

2. V. GLAUQUE. *Lichen alboflarescens, Wulf*. Croûte fendillée, noueuse et ridée, pulvérulente.

Sur l'écorce des chênes, etc.

3. V. LEUCOCEPHALE. *Lichen colliculosus, Hoff*. Croûte blanchâtre mince, à réceptacles globuleux et farineux.

Sur l'écorce des chênes.

Espèces croissant sur les rochers.

4. V. DEALBATE. *Dealbata, Dec.* Croûte épaisse, fendillée, grise à la surface, blanche en dedans, à papilles blanchâtres, tubercules farineux, puis coupes d'un jaune pâle.
Sur les rochers.

2me *Fraction.* — **PATELLAIRES.**

Réceptacles tuberculeux ou en écusson, sessiles ou pédi-culés, sur une croûte grenue.

Famille. PATELLAIRE. *Patellaria, Dec.* Croûte solide portant des scutelles sessiles.

Scutelles de couleur noirâtre ou grisâtre.

1. P. PARASEME. *Parasemæ, Dec. Lichen sanguinarius, Lam. Verrucaria limitata, rupestris, Hoff.* Croûte mince, grise, blanche ou verdâtre, à scutelles éparses.
Très-commune sur les écorcés d'arbres.

2. P. DES PIERRES. *Petrea, Dec. Verrucaria petrea, Hoff.* Croûte d'un gris bleuâtre, cendré, ou glauque, fendillée en polygones, à scutelles nombreuses.
Sur les rochers.

3. P. ENFUMÉE. *Fumosa, Dec. Verrucaria, Hoff.* Croûte grumeleuse grise foncée, fendillée, scutelles roussâtres.
Sur les rochers.

4. P. VERDATRE. *Viridescens, Dec.* Croûte grenue à réceptacles sans rebords.
Sur les vieux troncs d'arbres, dans les forêts.

Scutelles rougeâtres, etc.

5. P. ROUGEATRE. *Rubella. D. Lichen rubellus, Hoff. Lichen luteolus, Ach. Vernalis, Hoff.* Croûte

grenue, d'un vert gris, à scutelles éparses, à disques rougeâtres, portant des points noirs.
Sur l'écorce des grands arbres.

6. P. FERRUGINEUSE. *Scutellis aurantiorubris,* *Hoff.* Croûte mince cendrée, scutelles nombreuses rouges.
Commune sur l'écorce des arbres.

7. P. DES ORMES. *Ulmicola,* **D**. Croûte grisâtre, à scutelles d'un jaune orangé.
Commune sur les ormes.

8. P. CÉRINE. *Cerina, Hoff. Cyano-lepra.* Croûte mince grisâtre, blanchâtre ou bleuâtre, peu visible, scutelles jaunes pâles.
Sur l'écorce des arbres ; tache bleuâtre sur les peupliers.

9. P. CAUDELAIRE. *Byssus caudelaris, L.* Taches d'un jaune variable, à scutelles rares et plus foncées.
Sur les vieilles écorces, les murs, les rochers.

10. P. FAUVE. *Subfusca, Dec. Lichen subfuscus, L.* Croûte grisâtre, à scutelles dont le disque est rougeâtre ou glauque.
Commune sur les rochers et les troncs d'arbres.

11. P. ÉTALÉE. *Dispersa, D. Muralis, arborea. lichen nigrovirens, Ach.* Croûte mince grisâtre, à scutelles nombreuses, disque roux.
Sur les arbres et sur les murs.

12. P. ANGULEUSE. *Lichen palescens, Jacq. Lichen subcarneus, Ach.* Croûte mince, blanchâtre, à scutelles orbiculaires.
Sur les troncs d'arbres.

3ᵐᵉ *Fraction.* — ROSETTES.

Réceptacles insérés sur des feuilles.

1ʳᵉ *Famille.* PLACODE. *Placodium. Dec. Leca-

nora. Ach. Rosettes orbiculaires, adhérentes au centre, composées de folioles rayonnantes : scutelles placées sur la rosette.

1. P. DES MURS. *Lichen murorum, Hoff.* Expansion verdâtre ou jaunâtre, folioles lobées à la circonférence, scutelles jaunes.

Sur les roches calcaires, les pierres dures.

2. P. CANESCENS, *Dec.* Croûtes blanchâtres, farineuses, arrondies; scutelles noires bleuâtres, entourées d'une bordure blanche qui disparaît.

Assez fréquemment sur les troncs d'arbres et les murs.

3. P. CAUDELAIRE. *Lichen caudelarius, L.* Petites plaques couleur citron ou orange, avec folioles à la circonférence; scutelles de même couleur.

Sur les murs, les roches, les arbres.

4. P. OCHREUSE. *Ochroleuca, Dec. Lichen muralis, parietinus, Hoff.* Plaques formées de folioles lobées, d'un vert jaunâtre; scutelles d'un brun clair.

Sur les rochers, les vieilles poutres.

5. P. RAYONNÉE. *Radiosa, D. Lichen radiosus, Hoff.* Expansion à folioles rayonnantes, noirâtre au milieu et grisâtre sur les folioles; scutelles noirâtres à rebords blanchâtres.

Sur les vieux murs, les plâtras.

2me *Famille.* COLLÈME. *Collema, Hoff.* Feuilles gélatineuses étant mouillées, roides et fragiles étant sèches; scutelles placées sur leurs bords, à disque rougeâtre.

Feuilles libres, étalées, peu épaisses.

1. C. NOIRATRE. *Lichen nigricans, L.* Feuilles vertes molles étant fraîches, fragiles et noires étant

sèches, formant une rosette adhérente au centre, à scutelles roussâtres.

Sur les troncs d'arbres.

2. C. SATURNINE. *Lichen saturninus, Dicks* Feuilles glabres en dessus, cotonneuses en dessous, d'un vert foncé étant fraîches, gris plombé étant sèches, folioles arrondies, grandes ; scutelles d'un brun rouge.

Sur les troncs d'arbres, surtout sur les noyers.

5ᵐᵉ *Famille.* IMBRICAIRE. *Imbricaria, Dec.* Feuilles imbriquées du centre à la circonférence, formant une rosette adhérente, à folioles linéaires ou arrondies, à scutelles dont le centre est libre.

Feuilles glabres en dessous, divisées en lobes larges, arrondies

1. I. PARIETINE. *Lichen parietinus, L.* Talle membraneuse imbriquée, blanchâtre en dessous, verdâtre en dessus, puis passant successivement au jaune doré et au gris cendré en vieillissant ; folioles crépues ; scutelles centrales, à disque d'une couleur plus foncée.

Très-commune sur les arbres, les murs, etc.

2. I. VINAIGRIER. *Acetabulum, Dec.* Talle membraneuse, glabre, d'un vert glauque en dessus, olivâtre en dessous ; folioles ponctuées de noir, ridées ; scutelles grandes, dont le disque est d'un brun roux, atteignant jusqu'à 2 centimètres de diamètre.

Sur les chênes, les hêtres, etc.

Ce lichen est souvent très-volumineux.

5. I. RIDÉE. *Caperata, Dec. Lichen caperatus, L.* Talle coriace, membraneuse, imbriquée en larges rosettes ridées ; folioles crénelées, d'un vert pâle en dessus, noires en dessous, parsemées d'une poussière glauque, entremêlées de points noirs; scutelles grandes, brunissant, à disque rougeâtre.

Sur les arbres, les murs et les rochers.

C'est le plus grand de nos lichens : 30 centimètres d'étendue.

Feuilles hérissées en dessous, lobes larges.

4. L. DE CHÊNE. *Lichen quercinus,* **Wild.** Talle en rosette arrondie, d'un blanc glauque; scutelles éparses, nombreuses, à bordures blanches, à disque rougeâtre, noirâtre.

Sur les troncs d'arbres, les châtaigniers, etc.

Feuilles hérissées en dessous, et folioles linéaires.

5. L. STELLAIRE. *Lichen stellaris,* **L.** Talle membraneuse, imbriquée en rosette, gris cendré en dessus, blanchâtres et à fibrilles noires en dessous; scutelles au centre, noircissant en vieillissant.

Commune sur les troncs d'arbres.

6. L. GRISE. *Parmelia pityrea,* **Ach.** Talle membraneuse, recouverte d'une croûte grise, et d'une masse pulvérulente qui empêche le développement des scutelles.

Sur les troncs d'arbres et les murs.

7. L. PULVÉRULENTE. *Lobaria pulverulenta,* **Hoff.** Talle membraneuse, duvet noir en dessous; folioles découpées, d'un gris roux étant sèches, vertes étant fraîches; scutelles nombreuses, brunes, couvertes d'une poussière glauque.

Sur les troncs d'arbres.

8. L. BLEUE. *Lichen cæsius,* **Hoff.** Talle adhérente, presque crustacée, d'un blanc cendré en dessus, hérissée de poils noirs en dessous, poussière bleuâtre sur leurs bords; scutelles noires à rebords blancs.

Sur les pierres, les mousses et les écorces.

9. L. RONDE. *Lichen orbicularis,* **Hoff.** Croûte en

rosette, formée de feuilles d'un gris glauque, à face inférieure noire : scutelles peu apparentes, noirâtres, à rebords blancs, lorsqu'elles existent.
Sur les troncs d'arbres.

10. I. DES ROCHERS. *I. retiruga*, *Dec*. *Lichen saxatilis*, *L*. Talle à folioles sinuées, découpées, d'un gris glauque, parsemées de lignes formées par une poussière d'abord blanche, puis noire, surface inférieure couverte de duvet noir ; scutelles brunes au centre, à rebords pulvérulents.
Communément sur les rochers, les troncs d'arbres.

11. I. A CHEVEUX NOIRS. *I lothrex*, *Dec*. Talle rayonnante, à folioles d'un gris glauque, dont les rebords et la face inférieure sont couverts de poils noirs ; scutelles centrales noires à rebords blancs.
Sur les troncs de trembles, noyers, ormes, etc.

***

4me *Famille*. **PHYSCIE**. *Physcia*, *Dec*. Folioles libres, disposées en gazon, glabres, bosselées, rarement ciliées, divisées en lanières qui portent les scutelles vers leur sommet, et sur leurs bords des paquets farineux.

Feuilles ciliées ; scutelles visibles.

1. P. CILIAIRE. *Ciliaris*, **Dec**. *Lichen ciliaris*, *L*. *Borea*, *Ach*. Feuillage membraneux, très-touffu, vert glauque en-dessus, et blanc en dessous : folioles étroites, rameuses, bordées de cils noirs : scutelles pédiculées, à disque noir et bords blancs.
Commune sur l'écorce des arbres.

2. P. DÉLICATE. **P.** *tenella*, *Dec*. Feuillage d'un gris cendré sur les deux faces, étalé, à folioles rameuses, longues d'un à deux centimètres, les unes blanches, les autres noirâtres, garnies à leur sommet de cils alongés : scutelles noires bleuâtres, à bordure blanche.
Sur l'écorce des arbres.

3. P. D'ISLANDE. *Lichen islandicus*, *L.* Lichen d'Islande. Talle membraneuse, coriace, d'un gris roux, à folioles en gouttières, rameuses, écartées, garnies de cils roides sur les bords : scutelles rares, orbiculaires, placées au sommet des folioles.

Par touffes, sur la terre, dans les mousses, sur les hauteurs arides. Rare.

Le lichen d'Islande est employé en décoction dans la phlegmasie chronique de la poitrine. Mais l'amertume de celui qui croît dans notre pays le rend désagréable ; amertume que l'on dissipe un peu par sa macération préalable dans l'eau.

En outre, ce lichen est un bon analeptique. Les Irlandais racontent qu'il est des personnes, chez eux, qui ne vivent que de lichen, et se portent beaucoup mieux et sont plus forts et plus agiles que celles qui ne vivent que de poissons. Il est vrai que le lichen, chez eux, est beaucoup moins amer que celui qui croît ici.

Feuilles non ciliées.

4. P. DU FRÊNE. *Lichen fraxineus, L.* Talle cartilagineuse, d'un vert gris des deux côtés, ridée ; scutelles éparses sur les deux faces des feuilles et leurs bords, pâles.

Sur les troncs d'arbres. Commune.

Scutelles manquant ou rares.

5. P. DU PRUNELLIER. *Lichen prunastri, L. Pallida, Mérat.* Talle molle et membraneuse, ridée et bosselée, d'un blanc cendré en dessus, plus blanche en dessous : folioles linéaires, bien trifurquées, paquets pulvérulents sur leurs bords, formant comme une broderie blanche ; scutelles brunes lorsqu'elles existent.

Commune sur les prunelliers et autres.

6. P. FARINEUSE. *Lichen farinaceus, L.* Talle cartilagineuse, d'un gris cendré, glauque ou blanche des deux côtés, divisée en folioles bifurquées, gar-

nies çà et là de paquets farineux; parfois des scutelles pédiculées d'un jaune pâle.
Sur les vieux troncs.

7. P. RABOTEUSE. *Squarrosa, Dec.* Courte touffe
de feuillage en groupe, d'une couleur grise verte, à
folioles rameuses, fermes, crépues, avec de longues
dents, et parsemées de gros paquets de poussière
distants.
Communément sur les troncs d'arbres.

Croûte formée d'une seule feuille divisée.

LOBARIA, *Dec.* PARMELIA, *Ach.*

8. P. PULMONAIRE. *Lobaria pulmonaria, Dec.*
Lichen pulmonarius, L. Pulmonaire de chêne.
Feuille cartilagineuse, grande, étalée, à lobes profonds, anguleux, rameux, tronqués, creusés, d'un
roux fauve en dessus, roux clair sur les saillies en
dessous, et noire dans les creux: scutelles rares
sur les bords des feuilles, d'un rouge marron dans
le disque, paquets pulvérulents épars.
Sur les vieux chênes.
Ce lichen peut remplacer le lichen d'Islande; il réussit
bien dans les affections de poitrine avec anémie.

9. P. GAIE. L. *perlata, Dec.* *Lichen perlatus, L.*
Feuille membraneuse, étalée, divisée en lobes nombreux, comme imbriqués, crépus, arrondis, quelques-uns renversés en dessus, face supérieure d'un
vert roux, qui devient grisâtre en séchant: l'inférieure est noire, hérissée, entourée d'un rebord
blanc; scutelles rares.
Sur les arbres, les rochers; au chêne la Reine.

10. P. DES BOIS. *Stitta sylvatica, Dec.* *Lichen*
sylvestris, L. Feuilles membraneuses, redressées,
sinuées, incisées, d'un brun verdâtre en dessus,

grains noirs en dessous, avec un duvet noirâtre qui entoure les cyphelles.

Dans les forêts, parmi les mousses.

Elle a une odeur désagréable.

5me *Famille*. PELTIGÈRE. *Peltigera, Dec. Pelti-dea, Ach*. Feuille simple, arrondie et lobée, portant des scutelles superficielles à l'extrémité des lobes, veinée en dessous.

1. P. HORIZONTALE. *Lichen horizontalis, L*. Feuille coriace, grande, étalée, d'un vert glauque en dessus, blanche et veinée de roux, avec des poils noirâtres sur les veines en dessous; scutelles arrondies, rouge brun.

Sur les rochers et dans les bois, sous les mousses.

2. P. DE CHIEN. *Lichen caninus, L. Peltidea crispa, Ach*. Feuille grande et large, coriace, arrondie, gris cendré en dessus étant sèche, brune étant mouillée, nervures rousses en dessous, poilues, rameuses, à lobes arrondis, et imitant les feuilles de chêne; quelques-uns, ascendants, portent les scutelles rousses.

Commune sur le bord des fossés des bois, dans la mousse, aux lieux secs et sablonneux.

6me *Famille*. OMBILICAIRE. *Umbilicaria, Hoff. Gyrophora, Ach*. Feuilles cartilagineuses, lobées, attachées par le centre; scutelles noires, à rides concentriques et en spirales au disque.

Feuilles hérissées en dessous.

1. O. A FOURRURE. *Pelita, Dec*. Feuille arrondie, profondément lobée, face supérieure unie, d'un brun bronzé, l'inférieure noire, couverte de duvet épais; scutelles éparses.

Sur les rochers; au chêne la Reine.

Feuilles non hérissées.

20. GLABRE. *Lichen polyphyllus, L.* U. *anthracina, Hoff.* Feuille membraneuse, glabre, arrondie, lobée, simple ou rameuse, noire ou bronzée en dessus, noire en dessous ; scutelles presque globuleuses, à spire concentrique.

Sur les rochers.

4ᵐᶜ *Fraction.* — **TUBERCULEUX.**

Réceptacles insérés sur des tiges.

Feuilles à la base des tiges.

1ʳᵉ *Famille.* SCYPHOPHORE. *Scyphophorus, Dec.* Tige fistuleuse, naissant sur des feuilles radicales, épanouie au sommet en un godet sur les bords duquel sont placés des globules subéreux.

Tiges naissant à l'extrémité des feuilles.

1. S. DIFFUS. *Diffusus, D.* Gazons serrés, à feuilles nombreuses, imbriquées, crustacées, d'un vert glauque en dessus, blanches en dessous, surmontées au sommet de tubercules rougeâtres.

Sur la terre des montagnes et des bois.

Tiges naissant au centre des feuilles.

2. S. EMBOITÉ. *Pixidatus, D. Lichen pixidatus, L.* Feuilles radicales, verdâtres en dessus, plus blanches en dessous, lobées ou crénelées, qui supportent des godets qui atteignent au plus 3 centim. de hauteur, s'évasant, et formant de larges ouvertures, dont le bord porte des tubercules noirâtres, qui en portent souvent d'autres avec des folioles ; ordinairement parsemé de poussière blanchâtre.

Très-commun sur les vieux murs, la terre humide.

Ce lichen remplace avantageusement le lichen d'Islande,

comme fortifiant et analeptique, dans les affections pulmonaires, etc.

3. S. PROLIFÈRE. *Lichen proliferus, Lam.* Godets surmontés de plusieurs autres, qui vont en di-
minuant de volume.

Sur la terre humide.

4. S. FRANGÉ. *Lichen fimbriatus, L.* Godets dont
le sommet porte un rang de tubercules pédiculés.

Sur la terre humide.

5. S. SANS SCUTELLES. *Cenomyce bacillaris, Ach.*
Feuillage simple et menu, sans scutelles.

Sur les murs, les roches.

6. S. DIFFORME. *Deformis, Mérat. Cenomyce deformis, Ach.* Godets ventrus au sommet, vastes et
déformés, portant d'autres godets irréguliers ; poussière jaunâtre ; plus grand que le précédent.

Sur la terre humide, les vieux murs. Commun.

7. S. CORNU. *Cornutus, D. Lichen cornutus, L.*
Feuilles radicales, lobées et crénelées, d'un vert
clair en dessus, blanches en dessous, d'où partent
des tiges cylindriques, rameuses, hautes de 3 à 6
centimètres, qui s'évasent au sommet en godets ,
dont le bord porte des tubercules rougeâtres, tandis que les autres sont stériles et aiguës.

Sur les montagnes humides.

8. S. GRÊLE. *Lichen gracilis, L.* Même forme que
le précédent, n'en diffère que par ses tiges allongées et simples.

9. S. COCCIFÈRE. *Cocciferus, Dec. Lichen cocciferus, L.* Feuilles petites , radicales, non persistantes , d'un blanc verdâtre en dessus, plus blanches en dessous, produisant des tiges cylindriques,
qui toutes s'évasent, ainsi que les divisions, en un
godet dont les bords portent des tubercules rouges.

Sur les murs et les pelouses sèches, les pâtis.

10. S. RADIÉ. *Lichen radiatus, Sch.* Ne diffère du précédent que par les prolongements radiés qui terminent la sommité des tiges.

Sur la terre des fossés des bois.

11. S. POLYCÉPHALE. *Cladonia polycephala, Hoff.* Tubercules nombreux aux bords des godets de la sommité des tiges, agglomérés.

Sur la terre, les fossés des bois, les pâtis.

Point de feuilles à la base des tiges.

2me *Famille.* CLADONIE. *Cladonia, Dec. Cenomyce, Ach.* Tiges portant à leur sommet des tubercules fongueux, globuleux, sessiles et solitaires.

1. C. RAUGIFÉRINE. *Raugiferina, D. Lichen raugiferinus, L.* Tiges droites, creuses, molles étant humides, fragiles étant sèches, blanchâtres, divisées en rameaux nombreux, branchus, tournés d'un même côté : tubercules petits, bruns, portés sur l'extrémité quaternée des rameaux.

Abondamment sur la terre, dans les endroits secs, en été.
Les brebis le mangent lorsqu'elles ne trouvent plus d'herbe.

2. C. RAUGIFÉRINE grande. *Lichen silvaticus, All.* Ne diffère de la précédente que parce qu'elle est plus grande et plus rameuse.

Rare ici. Sur les bordures nord des montagnes.
Dans le nord, c'est un des lichens qui servent de nourriture aux rennes.

3. C. DES MURAILLES. *Cladonia muralis, Thuil.* Tiges lacerneuses, tuberculées.

Sur les murs.

4. C. PINCEAU. *C. penicellata, Thuil.* Divisions nombreuses au sommet des rameaux, formant une espèce de pinceau.

Dans les endroits secs, sur la terre.

5. C. SUBULÉE. *C. subulata, D. Lichen subula-

tus, L. Tige dressée, creuse, cendrée, verdâtre, portant des folioles crénelées, à rameaux droits, subulés, aigus, portant des tubercules arrondis, solitaires à leur sommet.

Sur la terre, dans les pelouses sèches, l'été. Commun.

6. C. FOURCHUE. *Furcellata, furca, Hoff.* Tige fourchue, aiguë, rameaux longs, recourbés.

Mêmes lieux que la précédente.

7. C. FOLIOLEUSE. *Foliolosa, Merat.* Folioles garnissant presque toute la tige, ce qui la fait paraître crépue.

Mêmes lieux arides que la précédente.

3me *Famille.* CORNICULAIRE. *Cornicularia, Dec.* Tiges solides, portant à leur sommet des scutelles membraneuses, dentées, brunes; rarement les organes de la fructification.

1. C. LAINEUSE. *Lanata, Dec. Lichen lanatus, L.* Lichen pubescens, *Lam.* Tiges filiformes, solides, entremêlées, divisées en rameaux fourchus, légèrement épineuses, d'un noir brunâtre.

Sur les roches et les pierres. Chêne-la-Reine, etc.

3me Tribu. — Les CHAMPIGNONS.

Après les lichens, végétation dans l'air, apparaissent les champignons, végétation à l'ombre, sur les végétaux en décomposition ; essentiellement parasites, ils ne vivent que des végétaux et d'eux-mêmes, véritables larves végétales.

1re *Fraction.* — LES FILAMENTEUX.

1re *Famille.* BYSSUS, *Lin.* Filaments rameux,

blancs, jaunes, rougeâtres ou bruns, anastomosés, entrelacés.

1. B. DES HERBES. *Herbarum, Dec.* Plaques noirâtres, à aspect pulvérulent.

On l'observe en automne sur toutes les grandes herbes qui pourrissent.

2. B. DES CAVES. *Cryptarum, Lam.* Filaments comme feutrés et noirâtres, formant des plaques sur les tonneaux.

3. B. PARIÉTINE. *Parietina, Dec.* Filaments formant de larges plaques jaunâtres ou d'un blanc argenté.

Sur les murs des maisons humides.

4. B. ROUGE. *Rubra, Dec.* Filaments longs, un peu feutrés, rouges.

Sur les bois qui se décomposent.

5. B. ORANGÉ. *Aurantiaca, Lam.* Touffes rameuses, d'un jaune fauve, luisant, un peu feutrées.

Dans les lieux obscurs, sur les vieux bois humides.

6. B. GÉANT. *Gigantea, Dec. Xilostroma giganteum, Tode.* Filaments entrecroisés, blanchâtres.

Dans les fentes des vieux arbres, où il forme une sorte d'amadou coriace.

7. B. PEAUCIFORME. *Aluta, Persoon.* Filaments formant une espèce de peau peu tenace, d'un jaune pâle, qui tapisse l'intérieur des arbres creux et les chantiers des caves.

8. B. DES CARRIÈRES. *Fodina, Dec.* Filaments feutrés, luisants, fauves, formant des plaques ressemblant à des morceaux d'amadou.

Sur les vieux bois, dans les carrières.

9. B. CANDIDE. *Candida, Hudson.* Filaments formant une membrane papyracée.

Sur les vieilles feuilles, ou le bois mort tombé à terre.

10. B. PULVÉRULENT. *Isaria, Alb. et Schœff.*

Globules attachés à des filaments presque imperceptibles, ayant un aspect pulvérulent pâle.

Sur l'écorce et les feuilles des arbres.

2ᵐᵉ *Famille*. MONILIE. *Monilia, Pers*. Moisissures à pédicule grêle portant à son sommet des globules qui se séparent à la maturité, formant des petites plaques d'un aspect velu et filamenteux.

1. M. GLAUQUE. *Mucor glaucus, L. Mucor aspergillus, Bull*. Touffes de pédicules grêles, blancs, formant des aigrettes globuleuses au sommet, à gongyles agglutinés les uns à la suite des autres.

Sur les fruits qui se décomposent.

2. M. DES VIANDES CUITES. *Mucor penicillatus, Bull*. Pédicules à globules au sommet, formant des touffes sur les viandes cuites refroidies.

3ᵐᵉ *Famille*. BOTRYTE. *Botrytis, Pers*. Moisissures. Plaques d'un aspect velu, formées de pédicules globuleux au sommet.

1. B. RAMEUSE. *Mucor ramosus, Bull*. Touffes d'abord blanches, puis brunes, formées de pédicules très-courts.

Sur les poires gâtées, les champignons comestibles.

2. B. DENDROÏDE. *Botrytis dendroïdes, Dec. Mucor —, Bull*. Larges touffes de pédicules alongés, chargés d'un gongyle d'abord blanc, puis brun.

Sur les substances en décomposition, le pain, et surtout sur les champignons des couches.

3. B. OMBELLE. *Mucor umbellatus, Bull*. Touffes blanches d'abord, puis d'un gris noir, formées de pédicules rameux offrant aux extrémités des gongyles sphériques.

Sur les abricots, les confitures qui fermentent.

4. B. ROSE. *Mucor roseus, Bull*. Boutons velus,
d'abord arrondis et blancs, puis alongés et roses,
formés de pédicules à plusieurs gongyles au sommet
Sur les écorces, surtout celles de l'aune.

5. B. PELOTONÉE. *Glomerulosa, Dec. Mucor—.
Bull*. Moisissure d'un gris noir, formée de pédicules
chargés de beaucoup de gongyles.
Sur le vieux linge et le papier humide.

4me *Famille*. EGÉRITE. *Egerita, Pers*. Plaques
qui, à l'œil nu, paraissent un petit tubercule glabre,
mais formées de gongyles sphériques sur des fi-
briles couchées.

1. E. ORANGÉE. *Mucor aurantius, Bull*. Petites
plaques d'un jaune doré, formées de filaments
presque imperceptibles portant des gongyles.
Sur l'écorce du bois mort, les tonneaux, les bouchons
de liége.

2. E. CRUSTACÉE. *Mucor crustaceus, Bull*. Plaques d'abord blanches, puis jaunes, ensuite rouges.
Sur les fromages salés.

3. E. COTON. *Reticularia epixylon, Bull*. Petites
touffes d'abord grises, puis noires, molles.
Sur les arbres dépouillés d'écorce.

4. E. CINABRE. *Cinnabarina, Dec*. Croûtes d'un
rouge vermillon.
Sur les crottes de chat, dans les caves.

5me *Famille*. ERINE. *Erineum, Pers*. Groupes
de tubes parallèles cylindriques sur les feuilles
vivantes.

1. E. DE LA VIGNE. *Erineum vitis, Dec*. Taches
d'abord très-blanches, puis rouillées et irrégulières,
formées par des tubes tronqués.
A la surface inférieure des feuilles de vigne.

2. E. POPULINE. *Fers*. Taches d'un roux brun, formées de filaments grenus.

A la surface inférieure des feuilles vertes du tremble.

3. E. DU NOYER. Plaques enfoncées, d'un blanc roussâtre, velues.

A la surface inférieure des feuilles de noyer.

4. E. DU NÉFLIER. Plaques membraneuses, d'un roux sale et luisant.

A la surface inférieure des feuilles de néflier.

5. E. DU TILLEUL. Plaques roussâtres, velues.
Sur les deux faces des feuilles de tilleul.

6. E. DE L'AUNE. Plaques d'abord jaunâtres, puis d'un roux vif.

A la surface inférieure des feuilles d'aune.

7. E. DE L'ÉRABLE. *Mucor ferruginosus, Bull*. Taches rougeâtres sur la surface inférieure des feuilles des érables, et aux deux surfaces des feuilles du peuplier noir.

L'Erine semblerait former autant d'espèces qu'il y a d'arbres.

6ᵐᵉ *Famille*. STILBUM. *Tode*. Champignon pédiculé, analogue aux moisissures précédentes, mais plus ferme.

1. S. VULGAIRE. Petit champignon, à peine visible, d'un blanc jaunâtre.

Très-commun en automne, sur les herbes sèches.

2. S. RIGIDE. Champignon haut d'une demi-ligne, noirâtre, persistant, qui croît sur les arbres qui se pourrissent au printemps.

2ᵐᵉ *Fraction*. — **Champignons à surface fructifère unie.**

1ʳᵉ *Famille*. TREMELLE. *Tremella, L*. Expansion

gélatineuse, dont les gongyles sont épars sur la surface, sans filets, de couleur et de forme très-variables, croissant sur les écorces des végétaux. Les espèces de Linné font partie des algues.

1. T. DELIQUESCENTE, *Bull.* Petite production gélatineuse, arrondie, jaunâtre, qui, en vieillissant, s'étend comme de la gomme.

Sur les vieux bois qui se pourrissent.

2. T. CÉRÉBRINE. *Cerebrina, Bull.* Production cérébriforme, gélatineuse, blanche, jaune ou noire, acquérant beaucoup de volume.

Sur le vieux bois humide au printemps.

3. T. MÉSENTÉRIFORME. Production gélatineuse, élastique et ferme, de couleur jaune, blanche, livide ou violacée, qui en constitue autant de variétés distinctes, selon Bulliard, lobée et ressemblant à une fraise de veau ou mésentère.

Sur les bois morts, dans les caves, etc.

La variété violacée produit, selon Decandolle, par la seule infusion dans l'eau, un bistre rougeâtre très-solide.

4. T. NOIRATRE. *Ustulata, Bull.* Petits boutons marqués de sillons tortueux.

Sur les fruits acides qui se pourrissent.

5. T. GLANDULEUSE. Production gélatineuse, mamelonée, brune, qui se plisse en vieillissant.

Sur le bois mort, surtout sur l'aune.

2ᵐᵉ *Famille.* AURICULAIRE, *Gymnodermis, L. Auricularia, Bull. Thelephora, Dec.* Expansion coriace, sessile, irrégulière, attachée par le côté ou par le dos, lisse ou papillifère en dessous, où se trouvent les gongyles.

Espèces attachées par le côté. CRATERELLA, et STEREUM, Pers.

1. A. RECOURBÉE. *Reflexa, Bull.* Excroissance

coriace, mince et vivace, de toutes les couleurs et de toutes les formes, zônée et velue.

Sur les arbres morts ou mourants et les pieux. Très-commune.

Une variété glabre. *Ferruginea, Bull.*

2. A. TROMPETTE. *Tremelloïdes, violacea, subcerulea, fusca, Bull.* Excroissance vivace, coriace et transparente, à surface inférieure plissée. Sur les vieilles souches, en automne; jolie auriculaire, mais rare, sur les souches d'aune.

Espèces attachées par la face stérile. CORTICIUM, Pers.

3. A. CENDRÉE. *Thelephora cinerea, Pers.* Plaques fendillées, très-adhérentes sur les arbres, au printemps et en automne.

4. A. CORTICALE. Excroissance vivace, coriace, glabre, roussâtre, noirâtre, attachée par la face supérieure aux branches qui pourrissent sur la terre.

5. A. POLYGONIE. Plaques oblongues, roussâtres, couvertes de papilles.

Sur l'écorce des peupliers, etc., pendant les pluies du printemps et de l'automne.

6. A. TERRESTRE. *Phylacteris, Bull.* Grande plaque molle, membraneuse comme du parchemin, blanche, jaune, brune et enfin noirâtre, parsemée de globules disposés quatre à quatre.

Sur la terre, les pierres et les arbres.

3me *Famille.* CLAVAIRE. *Clavaria, L.* Champignon alongé où le chapeau est confondu avec le pédicule, répandant ses gongyles de tous les points de sa surface.

Expansions coriaces rameuses. MERISMA, Pers.

1. C. LACINIÉE. *Laciniata, Bull.* Croûte épaisse.

informe, dentée, blanche d'abord, puis grise ou jaune, rameuse en vieillissant.

Sur la terre, au milieu des mousses, en été.

2. C. A FLEURS D'ŒILLET. *Merisma fetidum.* Pers. Tige courte, ferrugineuse; rameaux cotonneux semblables aux pétales d'un œillet.

Sur la terre, dans les endroits ombragés des bois.

5. C. CORIACE. *Coriacea, fusca, nigra, Bull.* Expansion semblable à du cuir mouillé, à divisions striées; sommités verticales frangées, noirâtres.

En touffes sur la terre.

Expansions charnues rameuses. RAMARIA, Holwsk.

4. C. BIFURQUÉE. Tiges hautes de 7 à 8 centimètres, glabres, jaunes, fragiles, sillonnées, bifurquées, à ramifications pointues et roulées.

Commune sur la terre, dans les bois.

5. C. ACULÉIFORME. Très-petit champignon, fragile, jaunâtre, pointu.

En groupe sur le bois mort, dans les fentes.

Expansion charnue simple. CLAVARIA, Holwsk.

6. C. JAUNE. *Lutea, Dec., Lam. Cylindrica, Bull.* Expansion blanche, jaunâtre, s'élevant jusqu'à 9 centimètres, glabre et fragile, à pédicule grêle et cylindrique, terminé par une massue cylindrique un peu plus grosse.

Sur la terre.

Espèces comestibles.

7. C. CORALLOÏDE. *Coralloïdes, L. Alba, lutea, Bull. Menottes, tripettes, chevelines,* etc. Clavaire fragile, ordinairement rameuse, en touffe à rameaux cylindriques, pleins, obtus et à surface ondulée, variant du blanc au jaune.

Sur la terre, dans les bois.

Champignon le plus sûr à manger, de neuf à douze centimètres de hauteur. En automne.

8. C. CENDRÉE, menotte grise. *Cinerea*, **Bull**. Rameaux aplatis au sommet; toute la plante ressemble à une chicorée blanche, redressée et de couleur grisâtre.

Sur la terre des forêts.

Egalement bonne à manger.

9. C. POINTUE. *Fastigiata*, **L**. Base unie, d'où partent beaucoup de rameaux droits et qui atteignent la même hauteur: souvent confondue avec la coralloïde.

Sur les pelouses des bois.

Plus petite et moins usitée que les autres.

Aucune clavaire n'est vénéneuse.

4me *Famille*. HELVELLE. *Helvella*, **L**. Champignons pédiculés, à chapeau uni et irrégulier, ayant des gongyles sur la face inférieure.

1. H. ÉLASTIQUE. *Elastica, alba, fusca*, **Bull**. Pédicule grêle, long de 6 à 12 centimètres, cylindrique et ondulé; chapeau mince, divisé en deux ou trois lobes penchés, blanc ou noirâtre.

Sur la terre, en septembre et octobre. Commune.

2. H. MITRE. *Mitra*, **L**. *Alba, fulva, fusca*, **Bull**. *Elvella nigricans*, **Schœff**. Consistance et transparence de la cire, pédicule épais de 4 à 12 centim. de long, cannelé; chapeau à deux ou trois lobes réfléchis en haut, divisés de manière à former une sorte de croissant dont la concavité est en haut, blanc, roux ou brun.

Sur la terre, dans les bois.

3. H. COMESTIBLE. Chapeau rouge, irrégulier, pédicule brun rougeâtre haut de 6 centimètres.

Dans les bois montueux.

Toutes les helvelles peuvent se manger.

5me *Famille*. PÉZIZE. *Peziza*, **L**. Champignons en

forme de soucoupe, pédiculés ou sessiles, dont la face supérieure, glabre, porte les gongyles, qui s'échappent sous forme de poussière.

Pezizes charnues.

1. P. ÉCUELLE. *Scutellata, L.* Cupule de couleur rouge orangée, sessile, épaisse, fragile, hérissée de poils noirs en dessous, s'aplatissant en vieillissant.
Sur les vieilles couches. Commune.

2. P. CILIÉE. *Ciliata, Bull.* Petite, de même couleur, munie sur les bords de gros poils.
Sur les fientes des bœufs, etc.

3. P. CALLEUSE. *Callosa, ardosiacea, alba, viridis, Bull.* Petite, sessile, fragile, épaisse à ses bords, un peu bombée au centre.
Sur les vieux bois morts.

4. P. CHRYSOCOME. *Chrysocoma, pallida, rubella. Bull.* Sessile, glabre, d'abord en grelot, puis en godet, du jaune pâle au rougeâtre.
En touffe sur le bois pourri.

5. P. STERCORAIRE. *Stercoraria, lutea, violacea. Bull.* Sessile, à surface inférieure granulée et blanchâtre; la supérieure, jaune ou violette, contenant des gongyles noirâtres.
Sur les fientes, les crottins.

6. P. CORTICALE. *Corticalis, Pers.* Sessile, d'un blanc sale, globuleuse, tuberculeuse, hérissée de poils, chair rougeâtre.
Sur l'écorce des vieux troncs.

7. P. PAPILLAIRE. *Papillaris, alba, albo-grisea. grisea, Bull. Tomentosa, Vill.* Sessile, petite, transparente comme la cire, face inférieure laineuse, la supérieure lisse, en godet.
En automne, sur le bois mort.

8. P. CÉRIFORME. *Imberbis, alba, cinerea, Bull.*

Courtement pédiculée, surfaces lisses; la supérieure s'aplatit en vieillissant.

Abondamment sur le bois mort, en groupes.

9. P. LACTÉE. *Lactea, Bull.* Petite, cériforme, pédiculée en vieillissant, velue en dessous et lisse et en godet en dessus.

Toute l'année sur le bois et les feuilles mortes.

10. P. GOBELET. *Cyathoïdea, Bull.* Petite, à pédicule mince, fragile, glabre, à godet s'aplatissant en vieillissant, blanche, jaune ou ferrugineuse.

Sur les végétaux annuels qui se pourrissent.

11. P. CLANDESTINE. *Clandestina, Bull.* Très-petite, pédiculée, pelucheuse en dessous, lisse en dessus, d'un gris cendré.

Sur les petits rameaux, dessous les amas de feuilles mortes.

12. P. SUBULAIRE. *Subularis, Bull.* Pédicule long de 5 à cinq centimètres, grêle, tortueux, d'un rouge briqueté.

Sur les graines de soleil.

Pezizes cériformes.

13. P. TUBÉREUSE. *Tuberosa, Bull.* Pédicule long, terminé en bas par un tubercule charnu et noirâtre, en haut par une soucoupe évasée, marquée de sillons en dessous, de couleur jaune fauve.

Sur la terre.

14. P. RAVE. *Rapulum, Bull.* Semblable à la précédente, mais blanche et sans tubercule, brunissant en vieillissant.

Sur la terre.

15. P. CIREUSE. *Cerea, Dec. Infundibuliformis, Pers. Campanulata, Bull.* En groupes, à pédicule court, épais, se termine en s'évasant en cloche ou en entonnoir de 3 à 4 centimètres de diamètre,

couleur de la peau de chamois, poussière blanchâtre en dessous.

Dans les jardins, sur les caisses, les fumiers.

16. P. BOURSE. *Vesiculosa, lutea, alba, later-
tia,* **Bull.** Sessile, d'abord creusée en grelot, puis
elle s'ouvre en bourse de 5 à 9 centimètres de
diamètre, grise, blanche ou rouge étant jeune,
mais toujours brune en vieillissant.

Sur les fumiers et le terreau.

17. P. CUVETTE. *Labellum, alba, fusca,* **Bull.**
Mince, fragile, la partie inférieure couverte de
poils.

Sur la terre, dans les bois humides.

18. P. TOURTIÈRE. *Vesiculosa, L.* Pédicule épais
et court, tenant à la terre par une petite racine qui
a d'abord la forme d'un grelot, puis qui se creuse
et prend la forme d'une tourtière.

En avril, dans les bosquets humides.

19. P. LIMAÇON. *Cochleata, L. Elvella ochroleuca.
Sch.* Formée d'une espèce de membrane jaune ou
brune, cériforme, repliée sur elle-même en limaçon, dont la partie interne contient une poussière
qu'elle laisse sortir par jets instantanés.

Sur la terre, dans les bois, les allées.

Pezizes gélatineuses.

20. P. OREILLE. *Auricula, L.* Tremelle oreille de
Judas. Sessile, mince, élastique et formée de deux
lames appliquées, face inférieure pubescente, la
supérieure est plissée, atteint 12 centimètres de
large, rougeâtre.

Sur les vieux troncs d'arbres, de sureau surtout.
Les Russes font de l'eau-de-vie avec cette espèce.

21. P. NOIRE. *Lycoperdon truncatum, L.* Sessile,

élastique, en cône renversé, face inférieure pelu-
chée, ridée, de 3 à 4 centimètres de large.

Sur les bois morts.

22. P. TREMELLOÏDE. *Ferruginea, violacea, Bull.*
D'abord sessile, puis pédiculée, bords incisés, variant du rouillé au violet.

Sur les vieilles souches, dans les bois.

Pezizes coriaces.

23. P. CORIACE. *Coriacea, Bull.* Pédiculée, grêle,
petite, grise.

Sur le fumier sec.

24. P. DU GROSEILLIER. *Ribesia, Pers.* Groupes
de petits cônes renversés, extérieur noir, intérieur
d'un blanc sale.

Sous l'épiderme des groseilliers rouges.

25. P. DU CERISIER, DU PRUNIER. *Cerasi, Pers.*
Prunasti, Dec. Éparse, solitaire, noire, presque
sessile, disque orbiculaire.

Sur les branches sèches de cerisiers, de pruniers, au
printemps.

26. P. DES ROSIERS. *Rosea, fusca, Pers.* Cupule
sessile, éparse, orbiculaire, d'un brun foncé, sur
un duvet de même couleur.

Sur l'écorce des rosiers sauvages et d'autres arbustes.

27. P. SANGUINE. Petites cupules noires, orbiculaires, sur un duvet rouge.

Sur le bois mort, le hêtre.

6me *Famille.* HELOTIE. *Helotium, Pers.* Champignon à chapeau convexe, pédiculé, lisse; gongyles en dessus.

1. H. AGARICIFORME. *Agariciformis, Dec.* *Helvella acicularis, Bull.* Pédicule de la grosseur
d'une épingle, chapeau blanc, régulier.

Sur le bois pourri.

3me *Fraction*. — **Champignons à surface inférieure munie de pointes ou de tubes ouverts en bas.**

1re *Famille*. HYDNE. *Hydnum, L.* Champignon à surface inférieure, rarement la supérieure, hérissée de pointes; gongyles vers l'extrémité de ces pointes.

1. H. TÊTE DE MÉDUSE. *Clavaria caput Medusæ, Bull.* Tronc court, épais et charnu, qui se termine en une multitude de divisions grêles.

En touffes blanches, puis grises, sur le bois mort, à la fin de l'été.

2. H. ERINACÉ. *Erinaceus. Bull.* Sessile ou pédiculé, à tête charnue, tendre, pendante, blanche, puis jaunâtre, terminée par des aiguillons imbriqués.

Sur les vieux chênes.

Espèces en plaques sur le tronc des arbres ODONTIA, Pers.

3. H. BARBE DE JOB. Expansion coriace, appliquée sur le bois par sa face supérieure, l'inférieure parsemée de pointes sur lesquelles se développent des filaments jaunes; d'abord blanche, puis jaunâtre.

Sur les branches tombées à terre.

4. H. FARINACÉ. Pellicule blanchâtre, adhérente au bois, parsemée de papilles.

Sur les bois morts, qu'il recouvre comme une poussière farineuse.

5. H. COULEUR DE NEIGE. *Niveum, Pers. Odontia nivea, Pers.* Couche large, coriace, qui se charge de pointes, placée entre le bois et l'écorce des chênes.

6. H. DU CERISIER. *Cerasi, Pers.* Mamelon arrondi, convexe, blanchâtre, velouté sur les bords.

se couvrant de dents difformes, adhérent par sa face stérile.

Sur l'écorce du cerisier, l'hiver.

7. H. MEMBRANEUX. Expansion coriace, bistrée, appliquée à la face inférieure des branches mortes, à aiguillons cylindriques.

Chapeau distinct ; pointes cylindriques.

8. H. CAMBRÉ. *Repandum, L.* Pédicule court, rarement central, chapeau convexe, à bords minces, pointes fragiles ; jaunâtre. Champignon assez grand qui croît en famille.

Communément sur la terre des bois.

On le mange dans certains pays sous le nom de carchou. rignoche.

9. H. HYBRIDE. Pédicule gros et court, chapeau d'abord voûté, lisse, se forme en entonnoir, bords sinués ; noirâtre.

Sur la terre, dans les bois de sapins.

10. H. EN FORME DE TASSE. *Cyathiforme, Sch.* Plus petit que le précédent, pédicule court, chapeau turbiné, puis évasé, à bords déchiquetés de couleur tannée, pointes grises.

Pointes lamelleuses.

11. H. BISANNUEL. *Bienne, Dec. Boletus biennis, Ball.* Pédicule court, renflé, laineux à la base, chapeau d'abord convexe et couvert de pointes, ensuite concave et lisse en dessus, fauve au centre et blanc à la circonférence déchirée.

Sur la terre et les arbres pourris, dans les bois, toute l'année.

2ᵐᵉ *Famille.* BOLET. *Boletus, L.* Chapeau garni à la face inférieure de tubes parallèles, dont on ne voit que les trous, renfermant les gongyles.

Point de chapeau; tubes libres.

1 **B.** HÉPATIQUE. ***Boletus hepaticus, fistulina, buglossoïdes, Bull.*** Ressemblant à un morceau de foie, irrégulier, sessile, ou courtement pédiculé latéral; chair rosée, zonée, mollasse, à surface gluante, d'abord parsemée de protubérances, ensuite lisse, 20 à 25 centimètres de diamètre.

Sur les vieilles souches ou sur la terre, dans les bois.

Tubes soudés ; point de chapeau.

2. **B.** DES CAVES. ***Cryptarum, Bull.*** Larges plaques rouillées, coriaces, molles, minces et spongieuses, ridées.

Sur les bois des souterrains.

3. **B.** DE VAILLANT. ***Vaillantii, Dec.*** Ce bolet naît sur les parois des caves, au milieu de flocons filamenteux blancs qu'il conserve à sa face supérieure; l'autre offre des tubes irréguliers roussâtres; il ressemble à un éventail.

Un chapeau.

4. **B.** VERSICOLOR, ***L.*** Attaché par le côté, oblong, à surface supérieure cotonneuse, très-zonée, l'inférieure blanche, garnie de tubes réguliers.

Commun sur les vieux arbres morts ou mourants.

5. **B.** UNICOLOR, ***Bull.*** Plus grand que le précédent, gris, sinueux; tubes longs et irréguliers.

Sur les vieux arbres, dans les vergers.

6. **B.** AMADOU, ***Dec. Ungulatus, Bull. Agaric de chêne.*** Vivace, ligneux, attaché par le côté, grisâtre, à tubes étroits, réguliers, s'ajoutant chaque année, en marquant les séparations par un sillon.

Sur les vieilles souches.

Il sert à faire de l'amadou. Amadouvier.

7. **B.** IGNIAIRE. ***B. igniarius, Bull.*** Semi-orbicu-

laire, tanné, subéreux, puis ligneux : tubes étroits, réguliers, un seul sillon.

Sur les vieux arbres.

On s'en sert pour fabriquer l'amadou, comme le précédent, en le battant avec de la poudre à canon ou du salpêtre. *B. pyrotechnique.*

8. B. FAUX IGNIAIRE. B. *pseudo-igniarius, Bull.* Grande espèce bisannuelle, à une seule couche de tubes, coriace, attachée par le côté, d'un rouge ferrugineux, bords couverts de gouttes d'eau.

Sur les vieux chênes.

9. B. SUBÉREUX. *Suberosus, Bull.* Attaché par le côté, un peu rétréci à la base, d'un fauve ferrugineux, mou, puis coriace.

Sur les troncs d'arbres.

10. B. DU MERISIER. *Coccineus, Bull.* Attaché par le côté, lisse, d'un rouge vermillon; tubes irréguliers.

Sur le merisier.

11. B. IMBERBE. *Imberbis, Bull.* Grand, mince, glabre, d'un blanc jaunâtre, verdâtre, zoné, arrondi, attaché par le côté.

Sur les vieilles souches.

12. B. DU FRÊNE. *Fraxineus, Bull.* Epais, subéreux, très-dur, couleur de paille, bords blancs, attaché par le côté.

Sur les vieux frênes.

13. B. DU SAULE. *Salicinus, Bull.* Mollasse, arrondi, mince, glabre, blanchâtre.

Sur les vieux saules, où il croît attaché par le côté un peu rétréci, au printemps et en automne.

14. B. HÉRISSÉ. *Hispidus, Bull. Luteus, Ruber.* Mou, coriace, jaune ou rougeâtre, attaché par le côté, hérissé de poils rudes.

Sur les pommiers, etc.

M. Lasteyrie a obtenu de ce bolet une couleur jaune éclatante.

15. B. CUTICULAIRE. B. *Cuticularis, Bull.* Chair mince, roux, puis noirâtre, surface zonée et couverte de poils couchés.

Solitaire sur les arbres fruitiers morts.

16. B. IMBRIQUÉ. *Imbricatus, Bull.* D'un jaune fauve, presque blanc sur les bords, lames minces imbriquées formant un volume considérable; très amer.

Sur les parties élevées des vieux chênes.

Chapeau pédiculé, pédicule latéral.

17. B. ACANTHOÏDE. *Acanthoïdes, Bull.* Mollasse fragile, rouge briqueté, pédicule cylindrique, s'évasant d'un côté en un demi-chapeau, mince, ondulé, grand.

En touffes considérables sur les vieilles souches.

18. B. DU NOYER. *Juglandis, Bull.* Oreille de noyer, miellin, etc. Pédicule court, épais, noirâtre, écailleux et crevassé comme le chapeau, qui est fauve, irrégulier, et atteint jusqu'à 40 centimètres de large.

Croît sur les noyers et est bon à manger.

19. B. NOIRATRE. *Melanopus, infundibuliformis, Dec.* Dur, à pédicule noir, renflé à la base, chapeau mince, fendu latéralement, infundibuliforme, brun en dessus et blanc en dessous.

Sur les vieux saules.

Chapeau à pédicule central.

20. B. NUMMULAIRE. *Nummularius, Bull.* Petite espèce à pédicule grêle, fragile, noir à la base; chapeau arrondi, mince, jaunâtre ou blanc, à tubes jaunes.

Sur les branches tombées à terre.

21. B. VIVACE. B. *perennis, L.* Coriace, gris, jaune, rouillé ou rougeâtre; pédicule velu à la base

chapeau entier, zoné, luisant, creusé au centre.
Croît à l'abri, à terre, sur les vieilles souches.

22. B. POLYPORE. B. *Polyporus, Bull.* Chapeau orbiculaire, creusé en coupe, à bords renversés, jaunâtre ; pédicule rougeâtre à la base ; la surface inférieure du chapeau offre de nombreux pores, de couleur cendrée.

23. B. FRANGÉ. *Fimbriatus, Bull.* Chapeau mince, zoné, en entonnoir et à bords frangés, de couleur tannée ; pédicule grêle, coudé à la base ; annuel.
Groupé dans les chemins, au printemps.

Tubes se détachant facilement du chapeau.

24. B. TUBÉREUX. B. *tuberosus, Bull.* Chapeau blanc grisâtre, pédicule tubéreux ou renflé à la base.
Sur la terre, dans les bois.

25. B. ROUGEATRE. *Rubeolarius, Bull.* Chapeau voûté, orbiculaire, rougeâtre ; pédicule mince, cylindrique ; tubes rouges.
Sur la terre, dans les bois de bouleaux.

26. B. AMER. B. *felleus, Bull.* Chapeau fauve, d'abord roulé, puis plane, ensuite un peu concave, uni, chair blanche, devenant rose quand on la coupe ; pédicule renflé à la base ; jaunâtre ; tubes légèrement roses.
Sur la terre, dans les bois. Commun en juillet et août.

27. B. COMESTIBLE. *Edulis, Bull.* B. *bovinus, L. Ceps, Gyrole.* Chapeau épais, large, voûté, blanc jaunâtre, brun, rouge cendré ; pédicule gros, blanchâtre ou fauve, réticulé, cylindrique, quelquefois ventru, qui atteint jusqu'à 24 centimètres de hauteur ; chair blanche ou jaunâtre avec une teinte vi-

neuse sous la peau; tubes blancs, jaunâtres, ou même verdâtres.

Sur la terre, dans les bois, en été et automne.
Ce bolet est bon à manger : on en fait un grand usage dans le midi de la France.

28. B. ORANGE. B. *aurantiacus, Bull. Rufus, Bull*. Roussile, gyrole rouge. Chapeau épais, convexe, orbiculaire, fauve ou orangé; pédicule hérissé, blanc, moucheté de rouge ou de brun; chair et tubes blancs.

Sur la terre, dans les bois, et se mange.

29. B. RAPEUX. *Scaber, Bull*. Chapeau presque demi-globuleux, cendré ou fauve, vaste; pédicule renflé, hérissé comme une râpe, s'élevant à **20** centimètres de hauteur.

Sur la terre, dans les bois, en automne.
Sa chair a une teinte vineuse comme le précédent.

30. B. CHRYSENTEROU, *Bull. Lividus, Bull*. Chapeau bombé, fauve ou brunâtre, se fendant souvent en 5 ou 6 lobes en vieillissant, assez large; pédicule grêle, cylindrique, rayé ou réticulé, bistré ou jaune; chair changeant en vert quand on l'entame; tubes jaunes.

Sur la terre, dans les bois, depuis juin jusqu'en novembre.

31. B. BLEUATRE. *Cyanescens, Bull*. Chapeau convexe, plus large que la hauteur du pédicule, gris chamois; pédicule épais avec étranglement blanc au sommet; chair blanche, prend une teinte bleue lorsqu'on le coupe ou le froisse; tubes devenant gris.

Sur la terre, dans les mois de juillet et d'août.
Il est douteux

32. B. POIVRÉ. *Piperatus, Bull*. Chapeau plane, orbiculaire, d'un jaune clair, puis fauve; pédicule grêle ; tubes rouges ; chair jaune, rougeâtre, d'un goût poivré ou de raifort.

Sur la terre, dans les bois, en automne.

33. B. DE BOULEAU. *Betulinus, Bull.* Chapeau blanc ou bistre ; sessile ou un court pédicule latéral, glabre, demi-orbiculaire ; tubes formant une lame poreuse qu'on peut détacher du chapeau.

Sur l'épiderme du bouleau blanc, à une grande hauteur ; commun aussi.

Ce bolet est très-large.

— —

4ᵐᵉ *Fraction*. — Champignons à face inférieure garnie de rides, ou de feuillets, ou de loges polygones.

Face inférieure garnie de rides.

**1ʳᵉ *Famille*. MÉRULE. *Merulius, Haller.* Chapeau garni en dessous de plis ou rides.

Chapeau pédiculé.

1. M. CHANTERELLE. *Cantharellus, Bull. Agaricus cantharellus, L.* Le chapeau, effet de l'élargissement du pédicule, est irrégulier, d'abord arrondi, puis sinueux, déchiqueté et infundibuliforme, de couleur chamois variable, jaune orangé, d'une odeur agréable.

Dans les bois, les pâtis, en juillet et août.

Très-recherché pour le manger.

Cassine, mousseline, cheville, jonnelet.

2. M. JAUNE. *Lutescens, Pers. Helvella cantharelloïdes.* Petite chanterelle. Chapeau d'abord arrondi et convexe, puis plane, sinueux, lobé et un peu déprimé au centre, jaune brun ; pédicule renflé à la base, jaune orangé.

Par groupes sur la terre, après les pluies.

3. M. NOIRATRE. *Nigripes, Pers. Agaricus can-*

tharelloïdes, **Bull**. Chapeau concave, plane, brunâtre; pédicule alongé et noir.

Dans les bois.

4. M. TROMPETTE. *Tubæformis*, *Pers*. *Helvella tubæformis, H. T. Fulva*, **Bull**. *Agaricus cornucopioïdes*, **Bull**. Etant jeune, c'est un pédicule cylindrique, évasé en haut en un chapeau arrondi et convexe qui se creuse en entonnoir en vieillissant, et se joint à la cavité du pédicule, de sorte qu'il forme une trompette; jaune, zoné de brun, peluché, réfléchi.

En groupes sur la terre, dans les bois, en été et en automne.

5. M. PORTE-EAU. *Hydrolips*, *Dec*. *Merulius cinereus*, *Pers*. *Helvella hydrolips*, *Bull*. *M. fuligineus*, *Pers*. Pédicule fistuleux et contenant de l'eau étant jeune; même forme que le précédent, mais noir et les nervures inférieures rougeâtres.

Au si en groupes sur la terre.

Chapeau sessile.

6. M. LARMOYANT. *Lacrymans*, *Dec*. *Boletus lacrymans*, *Wulf*. *M. destruens*, *M. devastator*, *Pers*. Mince, appliqué par sa face supérieure aux poutres des maisons humides, qu'il enveloppe entièrement en acquérant une grande dimension; sa face inférieure, qui est d'un jaune orangé, offre des plis blanchâtres cotonneux.

7. M. TREMELLE. *Tremellosus*, *Pers*. Appliqué par sa face stérile contre les troncs pourris, puis renversé et seulement attaché par le côté : cette face est blanche, cotonneuse; l'inférieure est d'un jaune rougeâtre, relevée de plis nombreux.

Face inférieure garnie de feuillets.

2me *Famille.* AGARIC. *Agaricus, Lin.* Champignons à chapeau doublé en dessous de lames ou feuillets parallèles, entre lesquels sont les gongyles. Famille la plus nombreuse en espèces.

Pédicule nul.

1. A. DE CHÊNE. *Quercinus, L. Labyrinthiformis, Bull.* Plaque coriace, subéreuse, d'un roux pâle, attachée par l'une de ses surfaces aux vieilles poutres et arbres morts, l'autre est garnie de lames anastomosées, de formes et dimensions variées.

2. A. CORIACE. *Coriaceus, Bull.* Chapeau attaché latéralement, bords sinueux, zoné, couvert de duvet, d'un jaune pâle.
Communs dans les bois, sur les vieilles souches, toute l'année.

3. A. VARIABLE. *Variabilis, Dec. Pediculatus, Pers.* Cette petite espèce est quelquefois pédiculée, attachée par le côté, sèche, blanchâtre, cotonneuse, arrondie, sinueuse; feuillets de couleur rouillée.
En été, sur les branches mortes, à terre.

4. A. TRICOLOR, *Bull.* Chapeau attaché par le côté, réniforme, sinueux, cotonneux en dessus, zoné alternativement noir, rouge et jaune; feuillets d'un jaune pâle.
Sur le tronc du bouleau.

5. A. DE L'AUNE, *Alneus, L.* Chapeau hémisphérique, lobé, 4 centimètres de diamètre, sec, mince, couvert de duvet gris.
Sur l'aune et autres arbres.

Chapeau pédiculé.

6. A. MARBRÉ. *Tessellatus, Bull.* Chapeau convexe, jaunâtre, marbré; pédicule blanc, arqué;

feuillets blancs ou jaunes; agréable à l'odorat et au goût.

En automne, sur les vieux pommiers.

7. A. DE L'ORME. *Ulmarius, Bull.* Chapeau très-large, convexe, jaunâtre, tacheté de raies rouges et noires; pédicule excentrique, s'évasant en un chapeau, d'un blanc sale; feuillets blancs, jaunâtres, échancrés à leur base, adhérents au pédicule.

Sur les troncs d'ormes et autres.

8. A. STYPTIQUE. *Stypticus, Bull.* Chapeau hémisphérique à bords roulés en dessous, de 5 centimètres de large; pédicule aplati au sommet, s'évasant en chapeau; feuillets se terminant circulairement.

En automne et en hiver, sur les bois coupés. Couleur de canelle.

9. A. INCONSTANT. *Inconstans, Pers. Dimidiatus, conchatus, Bull.* Chapeau formé de l'évasement du pédicule, en coquille, face supérieure pelucheuse, varie du jaune au brun ou au blanc; pédicule latéral; feuillets jaunâtres; 25 centimètres de large.

Sur les arbres vivants, à une grande hauteur.

10. A. PÉTALOÏDE. *Petaloïdes, Bull. Spatulatus, Pers.* Chapeau vertical, rabattu sur les bords, face supérieure farineuse mêlée de brun, de blanc et de roux; pédicule velu; feuillets nombreux; il a la forme d'une spatule.

Sur la terre, en automne.

Pédicule central.

11. A. PECTINACÉ. *Pectinaceus, Bull. Albus, B.,* blanc ou verdâtre. *Fulvus, B.,* à lames blanches. *Ochroleuchus, B.,* à lames fauves. *Rosaceus, B.,* chapeau rose. Chapeau d'abord convexe, puis un

peu concave, à bords marqués de stries à l'insertion des feuillets; pédicule blanc; feuillets saillants, adhérents au pédicule.

Solitaire et commun dans les bois, en automne.

12. A. SANGUIN. *Integer*, **L.** Chapeau d'un rouge sanguin, produit de l'évasement du pédicule, concave quand il est vieux; pédicule blanc, strié de noir ou de rose; feuillets épais, fragiles, bien trifurqués, blancs.

Dans tous les bois.

Très caustique et dangereux. Emétique.

13. A. POIVRÉ. *Piperatus*, *Bull*. Chapeau d'un jaune terreux, cannelé, crénelé sur les bords, enduit d'une matière gluante, de 50 centimètres de diamètre; pédicule, que les limaces creusent, épais et d'un jaune terreux; feuillets en petit nombre; saveur de poivre.

Dans les bois.

Ci-devant anticalculeux. Grillé, les Prussiens et les Russes le mangent.

14. A. BIFIDE. *Bifidus*, *Bull*. Chapeau devenant concave, farineux et verdâtre; pédicule court et blanc; feuillets bifurqués, blancs.

Dans les bois secs.

Il est nuisible dans sa vieillesse. Purgatif.

Chapeau possédant un suc blanc, jaune ou rouge.

15. A. ACRE. *Acris*, *Bull*. *Piperatus*, **Pers.** Chapeau blanc, convexe, puis concave; pédicule épais et court; feuillets rougeâtres.

Dans les forêts, au printemps et en automne.

Suc laiteux très-âcre, qui n'empêche pas de le manger cuit sur le gril.

16. A. ZONAIRE. *Zonarius*, *Dec*. *Lactifluus zonarius*, *Bull*. Chapeau jaune marqué de zones très-distinctes, à bords sinueux, peau sèche; pédicule

aussi épais que long, blanc ; feuillets blancs, inégaux.

Communément dans les bois, ne sortant quelquefois pas
de terre.

Suc caustique.

17. A. A LAIT JAUNE. *Theiogelus, Bull.* Chapeau
fauve, zoné ; pédicule cylindrique, roussâtre ;
feuillets pointus ; chair blanche, jaunissant et four-
nissant un lait jaune quand on la brise.

Solitaire dans les bois.

18. A. DÉLICIEUX. *Deliciosus, L.* Chapeau jaune,
puis fauve, ensuite rougeâtre, quelquefois zoné de
jaune ; pédicule long de 6 à 9 centimètres, jaune et
épais, tacheté ; feuillets plus pâles que le chapeau.

Par touffes dans les grands bois.

Il en découle une liqueur rouge, douce ; la saveur de la
chair est âcre, mais disparaît par la cuisson et le rend bon
à manger.

19. A. DOUCEREUX. *Subdulcis, Pers. Dulcis azo-
nus, B. Dulcis zonatus, B. Rubrocastaneus, Dec.
Amphoratus, Bull.* Chapeau à centre proéminent,
devenant rougeâtre ; pédicule cylindrique ; feuillets
rameux.

Dans les champs et les bois, en automne.

Suc blanc, doux, à odeur de mélilot.

20. A. MEURTRIER. *Necator, Bull.* Chapeau d'un
jaune rougeâtre ou roux, convexe, puis concave,
un peu roulé ; pédicule cylindrique, long de 6 à 9
centimètres ; feuillets inégaux formant bourrelet
autour du pédicule.

Suc âcre et caustique, qui fait que l'on s'abstient de le
manger ; même les insectes n'y touchent pas.

Dans les bois, à la fin de l'été, où il est assez commun.

21. A. AZONITE. *Azonites, B.* Chapeau lobé, gris
vineux ; pédicule jaunâtre à la base et blanc en
haut ; feuillets jaunes.

Solitaire dans les bois et les champs.

22. A. PLOMBÉ. *Plumbeus, Bull. Amanita æruginea, Lam.* Chapeau gros et noirâtre, pédicule d'un brun jaune, épais; feuillets jaunâtres, décurrents sur le pédicule.

Suc âcre et blanc.

En automne, dans les bois.

Feuillets noircissant sans se fondre en une eau noirâtre.

23. A. ORBICULAIRE. *Semi-orbicularis, Bull.* Chapeau hémisphérique, jaune, luisant, petit; pédicule jaunâtre muni d'un canal fistuleux dont l'écorce se détache facilement; feuillets nombreux de diverses couleurs.

Solitaire sur les pelouses, le long des chemins. Commun.

24. A. PULVÉRULENT. *Pulverulentus, Bull.* Chapeau assez grand, d'abord conique, puis évasé, jaune fauve; pédicule cylindrique, fistuleux; feuillets couverts de poussière rousse, cachée étant jeune par une membrane qui se déchire en lambeaux.

Sur les souches pourries, ordinairement en touffes.

Très-amer.

25. A. STRIÉ. *Striatus, B. Plicatus, Sch.* Chapeau d'abord conique, ensuite plane, plissé, jaunâtre ou blanchâtre, pédicule grêle, long et blanc; feuillets blancs, puis bistrés.

Solitaire partout.

26. A. CAMPANULÉ *Campanulatus, Bull.* Chapeau en cloche, d'un brun roux; pédicule haut de 12 à 15 centimètres; feuillets larges, arqués.

En groupes sur la terre.

27. A. PELLOSPERME. *Pellospermus, Bull.* Chapeau ovoïde, puis plane, jaunâtre; pédicule élancé, blanchâtre; feuillets d'un violet brunâtre.

En groupes dans les forêts, sur les feuilles mortes.

28. A. AQUEUX. *Aquosus, Bull.* Chapeau blanc mêlé de fauve, de six centimètres de diamètre, chair molle; pédicule qui émet de sa base beaucoup de radicules rameuses; feuillets très-fragiles.

Dans les bois très-ombragés, parmi les mousses.

29. A. APPENDICULÉ. *Appendiculatus, Bull. Spadiceus, Sch. Aqueux.* Chapeau fauve ou blanc sale, souvent fendu et recoquillé; pédicule fistuleux et blanc; feuillets rougeâtres, couverts, étant jeunes, d'une membrane dont les lambeaux restent au bord du chapeau.

En groupes dans les bois et les jardins. Commun.

30. A. ÉDULE, comestible, cultivé, de couche. *Edulis, Bull. Arvensis, Sch. Campestris, L.* Chapeau sphérique, puis seulement convexe, d'un jaune clair dans l'arvensis, blanc écailleux dans le cultivé; pédicule blanc, glabre, épais, haut de 5 à 6 centimètres; feuillets roses un peu ternes en vieillissant, recouverts d'une membrane qui, en se déchirant, forme l'anneau autour du pédicule.

Dans les pâtures et les pelouses des bois.

31. A. NOIRATRE. *Nigricans, Bull.* En naissant, chapeau brunâtre avec le pédicule et les feuillets blancs; en vieillissant, il devient entièrement noir. Chapeau d'abord orbiculaire, puis plane et irrégulier; pédicule court et épais; feuillets très-épais et grands.

Solitaire dans les bois, en automne, surtout dans les vieilles futaies.

Feuillets terminés par un bourrelet annulaire, chapeau sans ombilic.

32. A BRUN. *Nigripes, Bull.* Chapeau brun, à surface gluante; pédicule velouté, aminci à la base qui est noire; feuillets jaunâtres; goût d'un mucilage doux.

En groupes dans les bois, pendant l'hiver.

33. A. ALLIACÉ. *Alliaceus, Bull. Mousseron.* Chapeau convexe ou plane, blanc ou jaune, puis roussàtre, rayonné; pédicule grêle, long de 12 à 15 centimètres, gonflé et pubescent, et rougeàtre à la base; feuillets roux, pointus; forte odeur d'ail.

Sur les feuilles de chêne mortes, en automne, dans les bois humides. Assez commun

54. A. FISTULEUX. *Fistulosus, communis, rufescens, gracilis, proliferus, Bull.* Commun, grisàtre, roux, blanchàtre et grêle, chapeau prolifère. Chapeau ovoïde, puis convexe, blanc, roux ou gris; pédicule à base velue, très-fistuleux; feuillets blancs ou gris. Ce champignon varie beaucoup pour la grandeur; il est de 5 à 18 centimètres de hauteur.

En groupes sur les troncs enterrés dans les bois humides. Commun.

55. A. VÉSICULEUX. *Ventricosus, Bull.* Chapeau en cloche, puis convexe, d'un jaune pâle; pédicule haut de 6 à 12 centimètres, fistuleux et presque vésiculeux, renflé à la base; feuillets se terminant par un petit crochet

Dans les bois, sur la terre, en été et en automne. Commun.

56. A. ARONDINACÉ. *Arundinaceus, Bull.* Chapeau jaunâtre, brun au centre, strié sur les bords; pédicule comprimé, épais à la base; feuillets fauves, arqués.

Dans les prés, en automne. Commun.

57. A. FILOPE. *Filopes, campanulatus, conicus, Bull.* Chapeau campanulé ou conique, d'un jaune gris, de deux ou trois centimètres de diamètre; pédicule très-grêle, long de 9 à 24 centimètres, poilu, gris; feuillets blancs.

Parmi la mousse, dans les bois, en automne: dure 6 à 8 jours.

58. A. ADONIS. *Albus, flavescens, viridescens, B.* Chapeau en cloche, blanc, jaune ou vert, petit et

mince ; pédicule un peu courbé, long de 5 à 6 centimètres, feuillets blancs, étroits.

Sur la terre, dans la mousse, ou sur les branches qui se pourrissent.

39. A. RABOTEUX, *Squarrosus*, *Bull.* Chapeau hémisphérique, squammeux sur les bords, fauve ainsi que le pédicule, qui est long et renflé à la base ; feuillets décurrents sur le pédicule.

En groupes sur la terre.

40. A. FAUVE. *Foraminulosus, Bull.* Chapeau en cloche ou conique ; pédicule grêle et fistuleux ; feuillets inégaux, non adhérents au pédicule.

Solitaire aux bords des chemins, en automne.

41. A. MELINOÏDE. *Melinoïdes, Bull.* Chapeau conique, convexe, puis plane, jaune ocré ou de coing ; pédicule poilu à la base ; feuillets jaunes rougeâtres.

Solitaire sur le gazon, en automne.

42. A. CLOU. *Clavus, L.* Chapeau hémisphérique fauve, de la grosseur d'un clou d'épingle ; pédicule grêle, continu au chapeau ; feuillets blancs.

A la fin de l'été, sur les végétaux morts, aux endroits ombragés.

43. A. ROSE. *Roseus, Pers. Fistulosis varietas, Bull.* Très-petit champignon, à chapeau hémisphérique rose ou gris ; pédicule linéaire ; feuillets non adhérents au pédicule.

Sur les feuilles et branches mortes et humides.

44. A. CORTICALE. *Corticalis, Bull.* Petit champignon à chapeau hémisphérique jaunâtre, puis conique, strié sur les bords ; pédicule courbé ; feuillets blanchâtres décurrents.

Solitaire sur l'écorce du poirier.

45. A. NAIN. *Pumilus, Bull.* Chapeau blanc d'un centimètre de diamètre, fragile, devenant jaunâtre, conique; pédicule haut de trois centimètres, blanc ; feuillets libres.

Dans la mousse, au pied des arbres, en octobre et novembre.

Chapeau à centre enfoncé, ombiliqué.

46. A. DRYOPHILE. *Dryophilus, Bull.* Chapeau d'abord hémisphérique, puis plane, de un à neuf centimètres de diamètre, jaune ou brun; pédicule glabre et fistuleux; feuillets blancs.

En groupes, toute l'année, sur la terre, dans les bois.

47. A. OMBILIQUÉ. *Umbilicatus, Bull.* Chapeau convexe à centre déprimé, jaunâtre, rougeâtre sur les bords; pédicule jaune, comme les feuillets.

Solitaire dans les bois, en mai et juin.

48. A. DES BRUYÈRES. *Ericeus, Bull.* Petit mousseron. Chapeau blanc ou roux, creusé en dessus, parfois gercé ; pédicule en cône renversé ; feuillets inégaux, décurrents. En groupe; il est sec sur les endroits arides, et mou aux places humides.

Dans les bruyères.

On le mange quelquefois.

49. A. BOUCLE. *Fibula, Bull.* Chapeau à bords ondulés; pédicule alongé, flexueux; feuillets décurrents, de couleur fauve ou rougeâtre.

Sur le bois mort, parmi les mousses, dans les bois.

50. A. AMADELPHE. *Amadelphus, Bull.* Très-petit, chapeau irrégulier, fauve pâle; pédicule courbé; feuillets larges.

En grande troupe sur les arbres morts.

51. A. INFUNDIBULIFORME, *Bull.* Chapeau rougeâtre à bords sinués; pédicule d'un blanc jaune, ou gris, tubéreux; feuillets pointus, décurrents.

Solitaire sur les feuilles humides, dans les bois, en septembre et octobre. Commun.

52. A. CONTIGU. *Contiguus, Bull.* Chapeau épais, grand, convexe, puis creusé au centre et à bords

réfléchis, d'un jaune terreux; pédicule aminci par le bas; feuillets peu adhérents; son suc est poisseux.

Ramassé dans les bois.

53. A. AMÉTHYSTE. *Amethysteus, Bull.* Chapeau d'abord convexe, améthyste, puis il devient concave et jaunâtre; pédicule plein, violet ou jaune brun; feuillets toujours d'un beau violet.

En groupe dans les bois, en septembre et octobre.

54. A. BOITE. *Pyxidatus, fulvus, luteolus, albus.* Chapeau fauve, blanc ou jaune, concave, ondulé sur les bords; pédicule très-long, renflé à la base, blanc ou roux; feuillets roux, décurrents.

Par groupe sur la terre.

Chapeau non ombiliqué, à centre proéminent.

55. A. MOUSSERON. *Albellus, Dec.* Chapeau d'abord sphérique, puis campanulé, épais, couvert d'une peau sèche, d'un blanc sale jaunâtre; pédicule épais, long de 3 à 5 centimètres, un peu renflé à la base; feuillets nombreux, pointus aux deux extrémités; chair blanche, cassante.

Ce champignon est le plus estimé pour la cuisine, à cause de son odeur et de son goût agréable.

Il croit en mai et juin sur les pelouses, le long des bois, les pâtis.

56. A. OREILLE DE CHARDON. *Ragoule, bouligoule, gingoule, brigoule, eryngii, Poulet.* Chapeau d'abord convexe, puis déprimé au centre, à bords roulés en dessous, d'un gris sale; pédicule souvent excentral, droit, court, blanc et cylindrique; feuillets blancs et décurrents.

En octobre, sur les racines d'éryngium pourries.

Bon à manger.

57. A. A BONNET. *Pileolarius, Bull.* Chapeau d'abord hémisphérique, puis convexe, à surface sèche, un peu cotonneuse, d'un gris roussâtre; pédicule épais, court, renflé à la base; feuillets d'un jaune grisâtre, décurrents ; chair blanche, ferme.

En août et septembre, sur les amas de feuilles, dans les bois.

Agréable au goût et à l'odorat lorsqu'il est jeune, hémisphérique.

58. A. GÉOTROPE. *Geotropus, Bull.* Chapeau d'un jaune terreux, gros, d'abord convexe, puis en entonnoir à centre proéminent; pédicule épais, renflé et hérissé à la base; feuillets nombreux, blancs

Solitaire sur la terre.

59. A. FICOÏDE. *Ficoïdes, Bull.* Chapeau d'un rouge fauve, gros, d'abord convexe, puis plane, coriace; pédicule blanc, court et épais; feuillets jaunâtres, saillants.

Par groupes dans les prés.

60. A. GUAPHALIOCÉPHALE. *Rufipes, albipes, Bull.* Chapeau en cloche, puis convexe, cotonneux, cilié, arrondi, roux; pédicule alongé, roux fauve, ou blanc et poilu; feuillets larges, roux foncé, décurrents.

Groupes de trois ou quatre sur les vieilles souches.

61. A. VINEUX. *Vinosus, Bull.* Chapeau d'un brun rouge, arrondi, convexe, puis déprimé, sinué étant vieux, surface sèche et couverte d'un duvet caduc; pédicule noirâtre et renflé à la base; feuillets d'un gris roux.

Solitaire dans les bois sablonneux.

Goût amer.

62. A. ODORANT. *Odorus, Bull.* Chapeau très-large, verdâtre ou bleuâtre; pédicule dilaté au sommet et continu au chapeau, blanc et un peu courbé; feuillets blancs, décurrents.

Communément en petits groupes sur les feuilles, dans les bois.

63. A. IVOIRE. *Eburneus, Bull.* Chapeau d'abord sphérique, puis conique, ensuite déprimé au

centre, à bords rabattus, 9 à 12 centimètres de
diamètre; pédicule court, continu au chapeau et
renflé à la base; feuillets décurrents; tout est d'un
blanc luisant et couvert d'une liqueur gluante.

Solitaire dans les bois.
Suspect étant vieux.

64. A. DES BRUYÈRES. *Ericetorum, Bull.* Chapeau jaunâtre, convexe, de 6 à 9 centimètres de
diamètre ; pédicule fistuleux au sommet; feuillets
inégaux, décurrents, blanchâtres.

Solitaire parmi les bruyères.

65. A. ONDULÉ. *Undulatus, Bull.* Chapeau d'a-
bord conique, ensuite plane et ondulé, de couleur
blanche et jaune, petit; pédicule grêle, alongé, jaunâtre; feuillets jaunes, décurrents.

Solitaire sur la terre.

66. A. VASTE. *Fusipes, Bull.* Chapeau d'abord
convexe, ensuite plane, sinueux, fendillé, d'un
jaune rouge briqueté ; pédicule renflé à sa partie
moyenne, effilé en bas; feuillets blancs, puis jaunes
rougeâtres.

En groupes à pieds soudés sur la terre des bois.

Feuillets adhérents au pédicule.

67. A. FUSIFORME. Chapeau petit, charnu , en
cloche, jaune foncé: pédicule très-long, aminci à
ses deux extrémités, jaune; feuillets inégaux.

En groupes nombreux sur les pâtis, les hauteurs, en
juillet et août.
Suspect.

68. A. DES BREBIS. *Ovinus, Bull.* Chapeau conique, devenant plane, charnu, jaunâtre plus ou
moins foncé; pédicule glabre: feuillets blancs ou
roux.

Solitaire sur le terreau, dans l'herbe.
Les brebis le mangent.

69. A. GRAMMOPODE. *Grammopodius, Bull.*

Albus, rufescens. Chapeau en cloche d'abord, ensuite concave, à centre proéminent et bords réfléchis, d'un blanc jaunâtre, vaste; pédicule long, gonflé à la base et marqué de lignes noirâtres dans le sens de la longueur; feuillets pointus au sommet.

Solitaire sur la terre.

70. A. TUBÉREUX. *Tuberosus, B. Amanita, Batrch.* Chapeau hémisphérique, blanc; pédicule jaunâtre, rougeâtre, terminé à la base par un renflement irrégulier; feuillets pointus aux extrémités.

Commun en automne dans les bois, entre les feuillets des agarics qui se détruisent.

71. A. CAMÉLÉON. *Cameleo, B.* Chapeau hémisphérique, puis conique, de couleur variant du jaune au blanc, du rose bleu au vert, à bords déchirés; pédicule long, ayant des taches transversales; feuillets jaunes, alongés.

Solitaire au pied des gros arbres, dans les avenues.

72. A. ARQUÉ. *Arcuatus, B.* Chapeau convexe d'abord, puis conique, ensuite concave, passant du jaune pâle au noir bistré, de 5 centimètres de diamètre à 24; pédicule blanchâtre renflé à la base: feuillets blancs ou jaunes, pointus et décurrents, formant un arc en partant du pédicule.

Solitaire ou en groupes dans les jardins, les prés et les bois.

73. A. RÉSEAU. *Purus, P. Roseus, P. Janthinus, P. Purpureus, P. Cæsius, Pers. Purus fucescens, Dec.* Chapeau conique, ensuite plane, à bords striés, un peu gluant, de couleurs variées: pédicule creux, long de 6 à 18 centimètres; feuillets marqués d'un réseau qu'on aperçoit en les regardant au jour.

Solitaire sur la terre des bois, en automne.

74. A. BUTYREUX. *Butyraceus, B. Thrycopus, Pers.* Chapeau convexe, devenant un peu concave,

sinueux, de couleur marron ou jaune de beurre;
pédicule continu, courbe, brun rouge, renflé et
blanc à la base; feuillets blancs, jaunes ou rosés.
En groupes sur la terre. Assez grand.

75. A. des devins. *Hariolorum, B. H. notus,
H. tuberosus, B.* Chapeau jaune pâle ou jaune
fauve, convexe, puis plane et circulaire, de 5 à 6
centimètres de diamètre; pédicule de 5 à 9 centimètres de long, très-variable; feuillets tortueux,
pointus.
En groupes sur les vieilles feuilles des lieux élevés des
bois.

76. A. carné. *Carneus, Bull.* Chapeau convexe, couleur de chair, souvent lobé; pédicule cylindrique, continu; feuillets blancs, pointus aux
extrémités.
Solitaire sur les gazons.

77. A. sulfureux. *Sulfureus, B.* Chapeau conique, devient plane, peau sèche couleur de soufre; pédicule long, cylindrique; feuillets larges,
pointus; odeur cadavéreuse lorsqu'il devient vieux.
Dangereux.
Commun en automne dans les forêts.

78. A. a pied brun. *Phaiopodius, Bull.* Chapeau
convexe, puis concave, sinueux, 10 centimètres
de diamètre, brun; pédicule long, aminci dans
son milieu; feuillets blancs, jaunâtres, arqués et
larges.
Solitaire sur la terre.

79. A. parasite. *Parasiticus, Bull.* Chapeau
conique, blanc jaunâtre, gris sur les bords; pédicule renflé, poilu à la base; feuillets rougeâtres.
Petit champignon qui croît sur les autres agarics qui se
pourrissent.

Feuillets non adherents au pédicule.

80. A. horizontal. *Horizontalis, B.* Chapeau

orbiculaire, fauve ; pédicule courbé, horizontal, s'élargissant pour former le chapeau ; feuillets saillants, ondulés.

Commun au printemps sur l'écorce des poiriers, entre les rides ou crevasses.

81. A. GÉOPHILE. *Geophilus, Bull.* Chapeau hémisphérique, puis conique, ensuite plane, 2 ou 3 centimètres de diamètre, de couleur blanchâtre ou roussâtre avec un cercle coloré vers les bords ; pédicule brun, coudé et aminci à la base, 4 à 5 centimètres de haut ; feuillets jaunâtres.

Sur la terre.

82. A. FAUX MOUSSERON. *Tortilis, Dec.* M. d'automne. Chapeau d'abord hémisphérique, puis conique, peu charnu, roussâtre pâle, bords sinués ; pédicule court, plein, cylindrique, qui se tord en se desséchant ; feuillets plus larges à la base.

Commun sur les souches en août et septembre.

Odorant. On le sèche en chapelets pour mettre dans les ragoûts.

83. A. INODORE. *Inodorus, B.* Chapeau conique, ensuite plane, à centre proéminent, blanc, bords sinués ; pédicule fistuleux, long de 6 centimètres ; feuillets jaunes roux, terminés en pointes.

Solitaire sur la terre.

84. A. DE RAMEAUX. *Ramealis, B.* Chapeau convexe, ensuite concave, centre rougeâtre et bords blancs, large d'un demi-centimètre ; pédicule grêle, blanc, long d'un centimètre ; feuillets blancs.

Commun sur les petites branches mortes à terre en automne.

85. A. CREVASSÉ. *Rimosus, B.* Chapeau conique, puis plane, d'un jaune rougeâtre, se crevassant ; pédicule d'un blanc sale ou rougeâtre ; feuillets rougeâtres ou jaunes, inégaux.

Abondant dans les bois en août et septembre.

86. A. CAULICINAL. *Caulicinalis, B.* Chapeau orbiculaire, régulier, blanc tacheté de roux ; pédicule brun rougeâtre, aminci au sommet, long de 6 à 9 centimètres ; feuillets blancs.

En famille sur les gramen morts.

87. A. ÉCHAUDOIR. *Crustuliniformis, B.* Chapeau large souvent de 18 centimètres, d'un rouge briqueté, bosselé, à bords ondulés ; pédicule continu, écailleux, blanc ; feuillets roux.

En familles innombrables sur les pelouses, les pâtures et dans les bois.

88. A. ARGENTÉ. *Argyraceus, B.* Chapeau conique, laineux, gris obscur, ensuite plane, déchiré, blanchâtre, moucheté de gris ; pédicule long, continu, blanc ou brun ; feuillets d'un blanc de neige.

En groupes sur la terre, dans les bois, en mai et juin.

89. A. FURFURACÉ. *Furfuraceus, B.* Chapeau sphérique, puis conique, gris tacheté de plaques rougeâtres ; pédicule blanc ; feuillets jaunâtres.

En automne, sur la terre, dans les bois.

90. A. GORGE DE PIGEON. *Columbarius, B.* Chapeau couleur gorge de pigeon variée, strié de noir, convexe ; pédicule continu, grêle, alongé, bleuâtre ; feuillets bleuâtres.

En été, dans les bois. Petit.

91. A. VELOUTÉ. *Villosus, B.* Chapeau hémisphérique, à surface violette, velouté ; pédicule blanc ; feuillets pointus.

Solitaire sur les vieux morceaux de bois, en été et en automne.

Goût poivré.

92. A. LIVIDE. *Lividus, B.* Chapeau gris jaunâtre rayonné de gris, luisant, large de 16 centimètres, convexe ; pédicule épais, blanc maculé de rouge, long de 12 centimètres ; feuillets rouges.

Solitaire dans les bois, en août et septembre.

Dangereux.

93. A. LEUCOCÉPHALE, tête blanche. *Leucocephalus, B*. Chapeau convexe, plane, d'un blanc de lait; pédicule cylindrique; feuillets larges.

En groupes sur la terre, au printemps et en automne. Moyen.

94. A. MURINACÉ. *Murinaceus, B. Nitratus, Pers*. Chapeau de couleur ardoise, ovoïde, plane, déchiqueté sur les bords; pédicule épais; feuillets larges, inégaux, décurrents.

Solitaire dans les futaies à la fin de l'automne. Grand.

95. A. CENDRÉ. *Cinerescens, B*. Chapeau large, convexe ou creusé en dessus, d'un gris blanc; pédicule long, un peu courbé; feuillets larges.

Par groupes sur la terre, dans les bois, en automne. Grand.

96. A. PHONOSPERME. *Phonospermus, B*. Chapeau de 18 à 20 centimètres de diamètre, gris, renversé en dessus; pédicule épais, long; feuillets rougeâtres.

Solitaire dans les bois. Très-grand.

97. A. GRAMMOCÉPHALE. *Grammocephalus, B*. Chapeau jaune rayonné de noir et de rougeâtre; pédicule haut de 6 à 12 centimètres; feuillets d'un jaune clair.

Solitaire sur la terre, sur les couches des jardins.

98. A. SAFRANÉ. *Coccineus, B*. Chapeau gluant d'un jaune pourpre, gris en vieillissant; pédicule alongé; feuillets de couleur écarlate comme le pédicule.

Par groupes dans les broussailles, en automne. La pluie le décolore.

99. A. PHAIOCÉPHALE. *Phaiocephalus, B*. Chapeau conique, d'un roux foncé, à bords squammeux et irréguliers, large; pédicule long, barbu, blanc tacheté de lignes; feuillets d'un jaune terreux.

Solitaire sur la terre des bois. Très-grand.

100. **A. RAMPANT**. *Repens. B.* Chapeau devenant concave et irrégulier, jaune avec du gris au centre; pédicule partant d'une souche commune, rampante, rougeâtre; feuillets jaunes, larges.

Parmi les feuilles, dans les bois, en septembre; souvent caché, hors le chapeau.

101. **A. LONG**. *Longipes, B.* Chapeau conique, grand, bords relevés, pelucheux, brunâtre ou grisâtre; pédicule long de 50 centimètres, renflé à la base; feuillets blanchâtres.

Solitaire dans les bois, en automne.

Feuillets recouverts, étant jeunes, d'une membrane qui laisse des débris au chapeau et au pédicule.

102. **A. HYDROPHILE**. *Hydrophilus, Bull.* Chapeau grand d'un roux brun; pédicule blanc, cylindrique; feuillets nombreux, inégaux.

En groupes nombreux dans les bois, après les pluies d'automne.

103. **A. SQUAMMEUX**. *Squammosus, B.* Chapeau brun jaune, large, couvert de squammes; pédicule court, squammeux; feuillets étroits.

En groupes sur les vieilles souches, dans les bois, en octobre et novembre.

104. **A. LANUGINEUX**. *Lanuginosus, B.* Chapeau sphérique, puis conique, ensuite retroussé et déchiré, d'un roux noirâtre, laineux; pédicule long de 3 à 4 centimètres, grêle, roux; feuillets larges.

Solitaire dans les bois, au printemps, en automne, sur les vieilles souches et sur la terre, dans la mousse.

105. **A. CHATAIGNE**. *Castaneus, B.* Chapeau en cloche, puis concave, satiné, couleur de châtaigne, déchiré; pédicule cylindrique; feuillets peu nombreux.

Commun en automne.

106. **A. ARANÉEUX**. *Araneosus, B. Violaceus, crassipes, proteus, rimosus, cinnabarinus. B.* Chapeau replié en dessous, joint au pédicule par une membrane aranéeuse, de couleurs variées, violet, roux, jaune ou noir; pédicule renflé à la base; feuillets tronqués à la base, variant pour la couleur.

Ce grand champignon croît sur la terre, dans les bois, en été et en automne.

107. A. POURPRE. *Purpureus*, *B*. Chapeau rouge orange, devenant concave et irrégulier; pédicule un peu plus pâle, continu; feuillets tronqués vers le pédicule.

Par groupes peu nombreux sur la terre.

108. A. TURBINÉ. *Turbinatus*, *B*. Chapeau convexe, d'un jaune mêlé de gris, de 24 centimètres de diamètre; pédicule annulé, continu, renflé à la base, haut de 9 à 18 centimètres; feuillets bruns, arqués sur le pédicule.

Dans les futaies, en août et septembre.

109. A. NUD. *Nudus*, *B*. *Nudus totus rufescens*, *B*. Chapeau hémisphérique, convexe, et à la fin concave, atteint 12 à 15 centimètres de longueur; pédicule renflé à la base; feuillets violets ou roux.

Toute l'année, dans les bois.

110. A. GLUTINEUX, *Glutinosus*, *B*. Chapeau devenant aplati, d'un roux brun, couvert d'une matière glutineuse qui retient les mouches, les feuilles; pédicule roux en bas et blanc en haut, où il est tacheté de petits points noirs; feuillets blancs ou jaunâtres.

Dans les bois, en septembre ou octobre.

Feuillets recouverts d'une membrane qui laisse un anneau sur le pédicule en se déchirant.

111. A. LUISANT. *Nitens*, *B*. Chapeau campanulé, puis convexe, jaune ou brun, luisant; pédicule long de 6 à 9 centimètres, bulbeux, jaune pâle; feuillets noirs marbrés.

Sur les bouses de vaches, dans les prairies.

112. A. OIGNON. *Cœpestipes, Sowerb. Cretaceus, luteus, B.* Chapeau rond, large de 12 centimètres, blanc comme la craie, puis roussissant, poilu : pédicule renflé comme la tige de l'oignon ; feuillets blancs.

En groupes sur les couches, sous les châssis, dans les serres chaudes, en été.

113. A. ANNULAIRE. *Annularius, B. Polymyces, Pers. Caudicinus, Pers.* Chapeau large de 9 à 18 centimètres, convexe, fauve ou roux ; pédicule à collerette en entonnoir ; feuillets blancs ou jaunes, décurrents.

En groupes nombreux, dans les forêts.

114. A. PAILLET. *Hélreolus, B.* Chapeau conique, convexe, puis plane et concave, à centre élevé, déchiré, d'un roux jaunâtre ; pédicule à anneau peu apparent, cilié ; feuillets peu nombreux.

En groupes nombreux sur les pelouses.

115. A. BOUCLIER. *Clypeolarius, B.* Chapeau étalé et large de 10 à 15 centimètres, blanc, tacheté de roux ; pédicule long, grêle, renflé aux deux extrémités ; feuillets blancs, ondulés.

Solitaire sur la terre, au printemps et en automne.

116. A. PILULIFORME. *Piluliformis, B.* Chapeau sphérique d'un demi-centimètre de diamètre, d'un gris roux ; pédicule long du double, blanc ; feuillets blancs, cachés par la membrane, qui est persistante.

En groupes nombreux dans la mousse, au pied des arbres, en automne.

117. A. COLUBRIN. *Colubrinus, B.* Grisette. Chapeau ovoïde, puis étalé, de 25 centimètres de diamètre, d'un brun clair, panaché de blanc et de brun foncé, fendillé ; pédicule très-bulbeux, muni supérieurement d'un large anneau mobile ; feuillets larges, inégaux.

Dans les champs sablonneux et dans les bois.
On le mange.

118. A. TYPHOÏDE. *Typhoïdes, B.* Chapeau ovoïde, ensuite cylindrique, de 12 à 50 centimètres de diamètre, couvert de larges écailles imbriquées, à bords striés, droits : pédicule à anneau mobile, produit de la membrane qui recouvre les feuillets après être déchirée ; feuillets roses.

Ce champignon a une odeur cadavéreuse dans sa vieillesse, lorsque son chapeau, de blanc sale qu'il était, devient noir et se roule en-dessus.

Dans les bois, les jardins, en août et septembre.

3ᵐᵉ *Famille.* **AMANITE.** *Amanita, Pers. Agaricus, Bull.* Ces Champignons ne diffèrent des agarics que par la présence d'une volva, ou bourse, qui enveloppe le champignon dans sa jeunesse, en partie ou en totalité.

Volva incomplète.

1. AM. VERRUQUEUX. *Verrucosus, Bull.* Chapeau hémisphérique, ensuite concave, large de 9 centimètres, couvert de nombreuses protubérances pointues d'un gris rougeâtre ; pédicule tubéreux, épais, muni d'un large anneau renversé ; feuillets blancs, arqués.

Commun en juillet et août sur la terre, dans les bois.
On le dit dangereux.

2. AM. SOLITAIRE. *Solitarius, Bull.* Champignon géant. Chapeau convexe et régulier, d'un blanc jaunâtre, couvert de protubérances étoilées ; pédicule long de 24 centimètres, épais, gros tubercule raboteux à la base, anneau vers le sommet, formé par la membrane qui couvrait les feuillets, qui sont blancs.

Solitaire et rare, dans les bois.

3. AM. FAUSSE ORONGE. *Pseudo-aurantiacus,* *Bull. Muscaria, Lam. Formosa, puella, Pers.* Chapeau rouge un peu visqueux, ayant 12 à 18 centimètres de large, pellicules blanches adhérentes à la surface; pédicule blanc, bulbeux, muni d'une large membrane en collier; feuillets blancs; chair jaune sous la peau.

Ce magnifique et dangereux champignon, d'un goût et d'une odeur agréables, est commun en septembre et octobre dans les bois, surtout ceux de bouleau.

Les pellicules blanches sur le chapeau n'existent pas toujours, ce qui cause les méprises, si souvent funestes, en le faisant prendre pour la vraie oronge.

Oronge vraie

4. AM. ORONGE. *Aurantiacus, Bull. Agaricus cæsarea, Pers.* Oronge jaune. Chapeau d'abord complètement enveloppé de sa volva, de manière à lui donner la forme d'un œuf, puis elle se déchire, il paraît presque plane, d'un rouge ou jaune d'œuf, strié sur les bords, qui se roulent un peu en dessous; point de taches blanches sur sa surface; pédicule jaune, large, bulbeux, collerette jaune; persistance de la volva; feuillets frangés.

Rare, en août et septembre dans les bois exposés au midi.

Cette amanite est très-recherchée dans le midi de la France, où on la mange considérablement sous les noms de dorade, cadran, jaune d'œuf, etc., tandis que la fausse oronge, qui empoisonne promptement les habitants de ces contrées, ne fait qu'enivrer les peuples du nord.

5. AM. PRINTANIER. *Agaricus vernus, Dec. Agaricus vernus bulbosus, G.* Oronge ciguë blanche. Chapeau d'abord hémisphérique, puis plane, ensuite concave, à surface roussâtre; pédicule bulbeux, blanc, à anneau membraneux irrégulier, débris de sa volva persistante sur la bulbe ; feuillets nombreux, blancs cendrés.

Solitaire dans les bois, au printemps.

C'est le champignon qui cause le plus d'empoisonnements, parce qu'il ressemble à une espèce comestible à feuillets blancs, et qu'il est très-commun. Nous avons eu l'exemple d'un empoisonnement volontaire par ce champignon, au commencement de juillet, qui a été suivi de mort. L'individu aurait pu être sauvé, s'il ne s'était obstiné à refuser toute espèce de secours.

Les purgatifs salins, sulfate de soude ou de magnésie, pris en suffisante quantité, réussissent toujours, même dans les derniers moments, pour empêcher l'empoisonnement.

6. AM. BULBEUX. *Agaricus bulbosus, B*. Oronge ciguë. Chapeau hémisphérique, ensuite plane, humide, luisant, verdâtre ; pédicule très-bulbeux, couvert de débris de la volva, blanc, à anneau rabattu, 15 centimètres de haut ; feuillets blancs nombreux.

Solitaire dans les bois sablonneux. Rare.

Peut-être plus dangereux que le précédent.

7. AM. ENVAGINÉ. *Vaginatus, B*. Chapeau blanc, gris ou jaune rougeâtre, d'abord globuleux, enveloppé de sa volva, ensuite plane après sa rupture : pédicule alongé, aminci en haut, volva persistante en gaîne : feuillets blancs.

À l'ombre, dans les bois, en été.

4me *Famille*. COPRINUS, *Pers. Agaricus, Bull*. Chapeau en éteignoir, mou, fragile, membraneux ; feuillets se décomposant en eau noirâtre dans leur vieillesse. Leur durée est de quelques jours.

1. C. CENDRÉ. *Agaricus cinereus, B*. Chapeau gris cendré, cylindrique, ensuite plane, à bords recourbés en dessus, déchirés ; pédicule long, cylindrique, noirâtre, poudreux ; feuillets nombreux, ponctués, séparés du pédicule.

En août et septembre, dans les jardins et les prés, parmi les bouses de vaches.

2. C. ÉPHÉMÈRE. A. *ephemerus*, A. *momentaneus*, B. Chapeau gris jaunâtre, très-petit, ovoïde, en cloche, ensuite étalé; pédicule long de 6 à 9 centimètres, blanchâtre; feuillets blancs, puis noirâtres.

Sur les fumiers, et ne dure pas 24 heures.

3. C. ÉPHÉMÉROÏDE. A. *ephemeroïdes*, *glabra*, *hirsuta*, B. Chapeau ovoïde, ensuite plane et déchiré, blanchâtre et strié sur les bords, jaunâtre au centre; pédicule filiforme, blanc, renflé à la base; feuillets recouverts d'une membrane formant anneau autour du pédicule.

Sur les fumiers, petit et peu consistant.

4. C. PICACE. A. *picaceus*, B. Chapeau ovoïde, puis en éteignoir, ensuite plane et déchiré; pédicule très-long; feuillets bruns.

Sur les débris putrides des végétaux. Très-fugace.

5. C. MICACÉ. A. *Micaceus*, B. Chapeau en cloche, ensuite plane, à centre proéminent, fauve et peluché; pédicule grêle et blanc; feuillets blancs, ensuite noirs.

On ne voit les micaces qu'à la loupe. Par touffes dans les prés, les jardins, etc. Reparaît trois ou quatre fois par an.

6. C. A SUCRE. A. *atramentarius*, B. Chapeau globuleux, ensuite campaniforme, couleur chamois humide, tacheté de roux; pédicule blanc; feuillets blancs, ensuite noirs; fournit plus que les autres une couleur noire en vieillissant.

Par touffes nombreuses dans les prairies humides.

7. C. TOMENTEUX. A. *tomentosus*, B. Chapeau gris blanc, conique, peluché; pédicule cotonneux; feuillets blancs.

Ce petit coprin croît sur le terreau des jardins et des bois, en automne.

8. C. ÉTEIGNOIR. A. *extinctorius*, B. Chapeau

cylindrique, puis conique, blanc, à sommet jaunâtre, bords frangés en vieillissant ; pédicule blanc, mou ; feuillets blancs, ensuite noirs, qui se déchirent en lanières.

Solitaire sur le fumier, en été.

9. C. COTONNIER. A. *Gossypinus*, *B*. Chapeau ovoïde, cotonneux, blanc, ensuite plane, lisse, grisâtre, roux au sommet ; pédicule courbé, cotonneux, blanchâtre ; feuillets blancs.

En touffes dans les bois ; ne dure qu'une semaine.

10. C. DIGITALIFORME. A. *digitaliformis*, *B*. Petit champignon fragile, chapeau ressemblant à un dé à coudre, blanchâtre ; pédicule blanc, grêle ; feuillets blancs tachetés de points noirs.

Croît par milliers au pied des vieux troncs, dans les vieux saules ; très-fugace.

11. C. DÉLIQUESCENT. A. *deliquescens*, *B*. Chapeau d'abord hémisphérique, assez gros, ensuite à bords relevés, surface grise striée sur les bords, fauve au centre ; pédicule blanc ; feuillets blancs ou pourpres, ensuite noirs.

Par groupes dans les cours, les jardins et les bois.

12. C. HYDROPHORE. A. *hydrophorus*, *B*. Chapeau transparent, en cloche, ensuite relevé et déchiré sur les bords, qui sont gris, le centre roux ; pédicule blanc ; feuillets jaunâtres.

En groupes sur la terre, dans les jardins et les bois.
Il se fond en une eau abondante.

13. C. CONGRÉGÉ. A. *congregatus*, *B*. Chapeau campanulé, jaune, gluant, ensuite évasé, à bords échancrés ; pédicule blanc ; feuillets blancs, noirs en vieillissant.

En groupes serrés en été et en automne dans les allées ombragées.

14. C. FIMIPUTRIDE. A. *fimiputris*, *B*. Chapeau jaunâtre, campanulé, ensuite plane, visqueux ; pé-

dicule avec une tache noire en cravate. En groupes
sur les fumiers.

15. C. PAPILIONACÉ. **A.** *papilionaceus,* *B.* Chapeau en dôme à bords frangés, très-fugace. Sur les
feuilles en décomposition.

16. C. COPROPHILE. **A.** *coprophilus,* **B.** Chapeau
conique rosé, feuillets grisâtres. Sur les fumiers.

17. C. BULLACÉ. **A.** *bullaceus,* **B.** Chapeau hémisphérique, convexe, à bords bruns striés. Sur
les fumiers.

18. C. LARMOYANT. **A.** *lacrymabundus,* **B.** Chapeau à bords repliés en dessus. Solitaire, sur la
terre, au printemps et en automne.

5me *Famille.* MORILLE. *Morchella,* **Pers.** Surface fructifère formée de loges polygones qui contiennent les gongyles.

1. M. COMESTIBLE. M. *esculenta,* **Pers.** *Phal-
lus esculentus,* **L.** *Alba, cinerea,* B. *Fusca,* B.
Chapeau ovoïde, adhérent au pédicule dans toute
sa longueur, alvéolé, blanc, cendré; pédicule
blanc. Odeur agréable. Sur les pelouses, dans les
bois. Très-recherché pour manger.

2. M. DEMI-LIBRE. M. *semilibera,* **D.** Chapeau
conique, creusé en sillons, n'adhérant au pédicule
que par sa moitié supérieure. C. Bois.

3me *Fraction.* — **LYCOPERDONÉES.** LYCOPER-
DONEA, FUNGI ANGIOCARPI, *Pers.*

*Productions mucilagineuses, rarement subéreuses, ren-
fermées dans un réceptacle (peridium) ordinairement arrondi, se déchirant à sa maturité pour laisser
sortir les gongyles sous forme de poussière.*

LYCOPERDON, *D.* VESSE DE LOUP. Production globuleuse pleine d'une chair qui se change

en poussière brunâtre mêlée de filaments, qui s'é-
chappe à la maturité par une ouverture au sommet.

1. V. DES PRÉS. *Lycoperdon pratense, Pers.*
Peridium avec une proéminence au sommet.

2. V. CISELÉE. *L. cælatum, B.* Attachée par une
grosse racine ciselée. Sur la terre, en automne.

3. V. CÉPÉFORME. *L. cepæforme, B. L. ericeto-*
rum. Pers. Globuleux, blanc, puis fuligineux.
Sur les sables, en automne.

4. V. MOLLE. *L. molle, Pers.* Pyriforme et ovoï-
deum, B. Dans tous les bois.

5. V. TURBINÉE. *L. turbinatum, Pers.* Peridium
luisant. En touffe dans les bois.

6. V. PYRIFORME. Peridium très-alongé. Sur
les vieilles souches.

Espèces sans écailles.

7. V. VERRUQUEUSE. Peridium gros comme le
poing. Sur la terre.

8. V. ÉTOILÉE. Elle s'ouvre en étoile à rayons
blancs. Dans les bois sablonneux.

9. V. PÉDONCULÉE. Peridium blanchâtre à pédicule. Sur les vieux murs, au printemps, etc.

Les *uredo, puccinie, exidia, trichia,* fournissent
autant d'espèces qu'il y a d'espèces végétales dont
ils sont les parasites.

Le CHARBON. *Uredo carbo, D. Reticularia sege-*
tum, B.

La CARIE. *Uredo caries, D.* L'uredo linéaire, qui
croît à la face externe du froment.

La ROUILLE DES BLÉS. *Uredo rubigo-vera.*

La PUCCINIE DES GRAMINÉES. Pustules ovales qui
croissent sur les deux faces des feuilles du froment

Le **Tuberculaire**, ou **Erysiphe des graminées**. Touffe oblongue d'entrecroisement de filets, couvrant de petits tubercules qui croissent à la face des feuilles du blé.

L'**Ergot du seigle et celui du blé**. *Sclerotium clavus*, **D**. Production cornée qui remplace le grain, dont la surabondance dans le pain peut causer la gangrène.

A la dose de quelques grammes, l'ergot fait contracter l'utérus, abréger l'enfantement; mais aussi, si, malgré les contractions, l'accouchement ne se termine pas, il peut en résulter l'asphyxie de l'enfant. Aussi préconisé contre les paralysies.

L'ergot est surtout utile pour arrêter les hémorrhagies utérines. On prétend qu'il a le même effet pour les autres hémorrhagies. Son effet paraît être d'exciter la contraction fibrillaire.

Le **Rhizoctonia medicaginis**, **D**. Croît sur la racine de luzerne, qu'il fait périr.

Le **Rhizoctonia de l'orobanche**. Vit sous l'écorce des racines de l'orobanche, autre parasite.

La **Moisissure des herbiers**. *Mucor herbariorum*, **W**. Croît sur le pain.

La **Moisissure sphérocéphale**. *Mucor mucedo*, **L**. Sur le vin, les fruits, etc.

La **Moisissure rameuse**. *Mucor ramosus*, **B**. Sur les vieux champignons.

4ᵐᵉ Tribu. — Les HYPOXYLÉES.

Productions végétales formées d'un réceptacle coriace, subéreux ou corné; sessiles ou pédiculées; ouvertes au sommet pour laisser sortir une substance gélatineuse contenant les gongyles.

1. **HYPOXYLÉE** BRULURE. *Hypoxylon usta-tum*, *B*. *Sphæria*. Plaques d'abord grises, mol-lasses, puis noires, boursoufflées, friables. Sur les vieilles souches.

2. H. ÉPINEUSE. S. *spinosa*, *P*. Plaques noires, dures. Sur le tronc des hêtres morts.

3. H. GRANULEUSE. S. *granulosa*, *D*. Plaques très-dures, pubescentes. Sur les troncs morts.

4. H. BICOLORE. H. *coccineum*, *B*. S. *fragiformis*. Croûtes dures changeant de couleur. Sur l'écorce des noyers, des marronniers.

5. H. APRE. H. *scabrosum*, *B*. S. *scabrosa*, *D*. Large croûte luisante, raboteuse. Sur les vieux bois.

6. H. AGGLOMÉRÉE. Gros tubercule mou. Sur l'écorce ou le bois.

7. H. DE LA VIGNE. S. *insitiva*, *Tode*. Raies de tubercules charnus, blancs, puis noirs. Sur les vieilles vignes.

8. H. CLAIÉE. H. *clavatum*, *B*. Petit groupe en faisceau. Sur les vieux bois écorcés.

Il y a autant d'espèces d'hypoxylées sphéries que d'espèces végétales.

VERRUCAIRE, *D*. Croûte portant des récep-tacles arrondis qui s'ouvrent au sommet.

1. V. MACROSTOME, *D*. Croûte épaisse, fendillée. Sur les vieux murs.

2. V. DES ROCHES. *Rupestris*, *S*. Croûte mince, cendrée. Sur les pierres calcaires, les grès.

3. V. NOIRE. Croûte noire. Sur les roches.

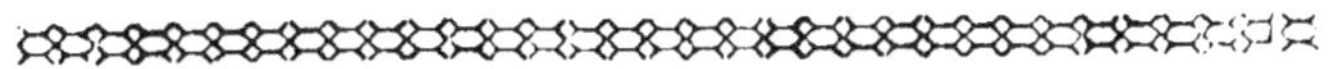

DEUXIÈME SÉRIE DE LA VÉGÉTATION.

MONOCOTYLÉDONS.

Plantes herbacées; une seule, le ruscus, est ligneuse; à organes reproducteurs manifestes; à enveloppe florale nulle ou formée par des bractées, une enveloppe membraneuse, herbacée ou scarieuse, ou un périanthe herbacé ou coloré, remplaçant calice et corolle; levant par une feuille et ne croissant qu'en longueur.

1ʳᵉ Division. — CRYPTOGAMES.

Organes sexuels formés par des capsules (sporanges) contenant des séminules (spores).

1ʳᵉ Tribu. — Les HÉPATIQUES.

Végétations membraneuses foliacées ou à tiges munies de folioles vertes, portant des globules sessiles mâles et d'autres globules pédiculés femelles.

1ʳᵉ *Famille.* HÉPATIQUE. *Marchantia*, *M.* Feuillage membraneux, monoïque ou dioïque.

1. H. DES FONTAINES. M. *polymorpha*, *L.* Expansion foliacée, pinnatifide ou lobée. Bords des fontaines, des puits, etc.

2. H. CONIQUE. M. *conica*, *L.* Dioïque. Les pédicules portent des bonnets roussâtres. Mêmes lieux.

3. H. ÉPIPHYLLE. *Jungermannia epiphylla*, **L.** Feuilles larges, arrondies. Dans les fossés humides.

2me — JUNGERMANNIA, **L.** Capsules globuleuses au sommet d'un pédicule qui part d'une rosette sur la feuille ; tige foliacée.

1. J. BIDENTÉE. J. *bidentata*, **L.** Feuilles distiques. Sur les troncs pourris, dans les bois.

2. J. TOMENTELLE. J. *tomentella*, **L.** Tige spongieuse, feuilles déchiquetées fin. En hiver, dans les petits ruisseaux des bois.

3. J. DES BOIS. **J.** *nemorosa*, **L.** Feuilles pennées à petite oreillette. Dans les bois humides.

Feuilles imbriquées sur la tige.

4. J. TAMARISSE. J. *tamarisci*, **L.** Rameaux pennés. Pédicules terminaux. Fructifie tout l'été. C.. Sur les roches, les troncs d'arbre.

5. J. DILATÉE. J. *dilatata*, **L.** Aussi de couleur pourpre. Trois rangs de stipules à la base des rameaux. Mêmes lieux.

Feuilles seulement distiques sur la tige.

6. J. ASPLÉNIOÏDE. J. *asplenioides*, **L.** Feuilles grandes ; pédicule à grosses capsules. Lieux ombragés.

7. J. LANCÉOLÉE. J. *lanceolata*, **L.** Tiges garnies de folioles lancéolées, auriculées. Endroits humides.

8. J. AQUATIQUE. J. *aquatica*, **Th.** Tiges ailées. Les étangs fangeux.

2ᵐᵉ Tribu. — Les MOUSSES.

Végétation formant gazon. Fructification formée d'une urne pédicellée, operculée, ayant un orifice (péristome), ou nul.

1ʳᵉ *Fraction.*

Péristome nul.

1ʳᵉ *Famille.* TAPIS. *Phascum*, L. La plus petite des mousses. Urne ovoïde. Feuilles sans pointe.

1. T. SANS BARBE. *P. muticum*, Sh. D'un vert jaune. Tapis très-commun. En hiver, dans les bois.

2. T. CUSPIDE. P. *cuspidatum*, Sh. P. *acaulum*. L. Feuilles étalées. C. à l'ombre partout.

3. T. SUBULÉ, P. *subulatum*, L. Feuilles et urne terminées par une pointe allongée. Tapis vert, puis d'un jaune soyeux.

Péristome nu.

2ᵐᵉ — TOURBETTE. *Sphagnum*, H. Urne globuleuse, aspect blanchâtre, élevée. Destinée à combler les étangs par son active végétation.

1. T. A FEUILLES CAPILLAIRES. S. *capillifolium*, H. Tige droite, feuilles capillaires. C. Marais.

2. T. A LARGES FEUILLES. S. *palustre*, L. Feuilles cordées. CC. Marais.

3. T. POINTUE. S. *cuspidatum*, H. Feuilles pointues. CC. Marais.

3ᵐᵉ — GYMNOSTOME, Sw. Urne ovale.

1. G. PYRIFORME. *Bryum pyriforme*, L. Feuilles aiguës. CCC. terre argileuse.

2. G. FASCICULAIRE. G. *fasciculare*, Sw. Feuilles linéaires. Les sables.

Opercule pourvu d'une pointe.

5. G. TRONQUÉ. B. *truncatulum, L.* Feuilles pointues. C. dans quelques bois.

Péristome denté.

4me — ENCALYPTE. *Encalypta, S.* Péristome à seize dents droites.

E. VULGAIRE. *Bryum extinctorium, L.* Coiffe jaune très-grande. Lieux secs.

5me — GRIMMIE. *Grimmia, D.* Urne pointue.

1. G. CONTROVERSE. G. *controversa, H.* Forme de larges tapis d'un vert clair.

2. G. APOCARPE. *Bryum apocarpum, L.* Péristome rouge, aspect noirâtre. Sur les vieux troncs.

5. G. PLAGIOPODE. G. *plagiopodia, D.* Sur les murs et les toits.

4. G. APOCAULE. B. *apocarpum, Sh.* Feuilles à poils blancs. Mêmes lieux.

6me — FUNAIRE. *Funaria, Sh.* Urne pyriforme.

F. HYGROMÉTRIQUE. *Mnium —, L.* Long pédicule manifestant l'humidité atmosphérique.

7me — DICRANE. *Dicranum, Sw.* Urne oblongue, feuilles unilatérales.

1. D. A BALAIS. D. *scoparium, L.* En grosses touffes. Partout, l'été.

2. D. HÉTÉROMALLE. D. *heteromallum, L.* Urne rouge. C. au pied des arbres.

5. D. ACICULAIRE. D. *aciculare, L.* Grande et verte. R.

4. D. FLEXUEUX. D. *flexuosum, L.* Partout.

5. D. COUSSINET. D. *pulvinatum*, *L*. En touffes arrondies. Sur les toits.

6. D. POURPRE. *Mnium purpureum*, *L*. Pédicule pourpre. C. sur les toits.

7. D. GLAUQUE. *Bryum glaucum*, *L*. Grosse mousse. C. Prés, tombeaux.

Feuilles sur deux rangs.

8. D. BRYOÏDE. *Hypnum bryoides*, *L*. Très-petite. C. Endroits humides des bois.

9. D. TAXIFOLIUM. *Hypnum* —, *L*. Pédicule grand, courbé. C. Lieux humides.

10. D. DES FONTAINES. *Fontinalis minor*, *L*. Au fond des ruisseaux. Tortule des fontaines.

8me — TORTULE. *Tortula*, *Sw*. Péristome à cils nombreux tortueux; pédicule tortueux.

1. T. DES MURAILLES. *Bryum murale*, *L*. Feuilles terminées par un poil blanc. CCC. Les toits, les murs.

2. T. RURALE. B. *rurale*, *L*. Pédicule rouge; grande. CC.

3. T. SUBULÉE. B. *subulatum*, *L*. Feuilles en rosettes. C. sur la terre en été.

4. T. UNGUICULÉE. T. *unguiculata*, *H*. Urne rouge. C. Les collines sèches.

5. T. CONVOLUTÉE. T. *convoluta*, *Sw*. De couleur jaune. Les fossés des bois.

9me — POLYTRIC. *Polytrichum*, *L*. Coiffe petite, recouverte de poils; feuilles d'un vert rougeâtre.

1. P. COMMUN. P. *commune*, *L*. Grande mousse. C. sur le bord des bois, en été.

2. P. ARRONDI. P. *subrotundum*, *H*. Pédicule rouge. C. Sur la terre, dans les bois.

3. P. ONDULÉ. P. *undulatum, H.* Pellucide et d'un vert clair. CC. Lieux ombragés.

2ᵐᵉ *Fraction.* — MOUSSES A DOUBLE PÉRISTOME.

1ʳᵉ *Famille.* BRYON. *Bryum, L.* Urne pendante, coiffe cuculiforme.

Pédicule solitaire.

1. B. ARGENTÉ. B. *argenteum, L.* Petite, aspect argentin. C. en hiver, sur les sables, etc.

2. B. GAZON. B. *cæspititium, L.* Gazon d'un beau vert. CCC.

3. B. PUBESCENT. B. *hornum, L.* B. *stellatum, D.* B. *serratum, M.* Grande mousse formant des tapis sur les revers des fossés des chemins.

4. B. CAPILLAIRE. B. *capillare, L.* Feuilles en pointe. C. sur les vieux troncs d'arbres.

5. B. DES MARAIS. B. *palustre, Sw.* Urne striée. Elle succède à la tourbette.

6. B. PONCTUÉ. B. *punctatum, Sh. Mnium serpyllifolium, L.* Bourre brune au bas des tiges. Endroits humides des bois.

7. B. LIGULÉ. B. *ligulatum, Sh. Mnium serpyllifolium, L.* Grande, rampante. Fossés des bois.

8. B. POMIFORME. B. *pomiforme, L. Bartramia vulgaris, D.* Beau vert à duvet roussâtre à la base. Fossés humides des bois.

9. B. CRÉPU. B. *striatum, L.* En touffe crépue. C. au pied des arbres.

10. B. STRIÉ. B. *striatum, L.* Capsules persistantes, striées. CCC.

11. B. ANOMALE. *Orthotrichum anomalum, H.* En touffe arrondie. Partout.

2ᵐᵉ — FONTINALE. *Fontinalis, L.* Urne sessile. coiffe campaniforme.

1. F. PENNÉE. F. *pennata, L. Neckera fontinalis. H.* Grande, feuilles ondulées. C. au pied des saules, en mars.

2. F. JULIANE. F. *juliana, S.* Feuilles un peu membraneuses. Bassins en ciment.

3. F. ANTIPYRÉTIQUE. F. *antipyretica, L.* Très-grande. Les ruisseaux, entre deux eaux.

4. F. DES MARAIS. *Mnium fontanum, L. Bartramia fontana, D.* Tiges à rameaux cylindriques. Les marais

3ᵐᵉ — HYPNÉE. *Hypnum, L.* Urne latérale. oblongue.

1. H. UNIE. H. *complanatum, L.* Tiges couchées, longues. Les troncs d'arbres, les rochers.

2. H. LUISANTE. H. *lucens, L.* Pédicule pourpre. Les bois humides.

3. H. DENTICULÉE. H. *denticulatum, L.* Opercule pointue. C. Partie nord des lieux ombragés.

4. H. RIVERAINE. H. *riparium, L.* Feuilles distiques. CCC. dans les lieux humides.

Feuilles imbriquées.

5. H. SOYEUSE. H. *sericeum, L.* Feuilles du sommet terminées par un poil. C. sur les troncs d'arbres.

6. H. MYOSUROÏDE. H. — *L.* H. *alopecuroides, Lam.* Feuilles d'un vert vif. C. sur les troncs d'arbres.

7. H. DENDROÏDE. H. — *L.* Grande mousse jaune. Près des bois.

8. H. PURE. H. *purum, L.* Pédicule pourpre.

Cette belle mousse prend la place des herbes dans les prés, vergers, etc.

9. H. POINTUE. H. *cuspidum*, *L*. Pédicule entouré de bractées. CCC. sur le pied des arbres, etc.

10. H. DES MASURES. H. *tamariscinum*, *H*. Rameaux unilatéraux, simulant des feuilles. CC. dans les vergers, les bois.

11. H. FOUGÈRE. H. *filicinum*, *L*. Feuilles pointues. CC. dans les bois et prés humides.

12. H. CYPRÈS. H. *cupressus*, *L*. Tout courbé en crochet. CCC.

13. H. DES MARAIS. H. *palustre*, *L*. H. *luridum*. Rampante, vert-sombre. Dans l'eau des marais.

14. H. FLOTTANTE. H. *fluitans*, *L*. Longue mousse dans l'eau.

Feuilles courbées en crochet.

15. H. RAMPANTE. H. *loreum*, *L*. Grande, rameaux rouges. CC. dans les lieux secs et ombragés.

16. H. RUDE. H. *squarrosum*, *L*. Feuilles carénées. Dans les bois et les prés.

17. H. ÉTOILÉE. H. *stellatum*, *Sh*. Feuilles avec des corpuscules. CC. dans les marais.

Feuilles étalées autour de la tige.

18. H. TRIANGULAIRE. H. *triquetrum*, *L*. Tige élevée. Belle mousse des prés et des bois.

19. H. FOURGON. H. *rutabulum*, *L*. Pédicule rude. CCC.

20. H. VERDOYANTE. H. *serpens*, *L*. H. *viride*, *B*. Feuilles petites. CC. dans les endroits ombragés.

21. H. DES MURS. H. *murale*, *D*. Urne rougeâtre. CC. sur les pierres.

22. H. QUEUE DE RENARD. H. *alopecurum*, *L*.

Apparence d'un petit arbre à queue de renard.
Fructifie l'hiver, dans les forêts.

3me *Fraction*. — CAPSULE ARRONDIE AU LIEU D'URNE.

LYCOPODE. *Lycopodium, L.* Tiges presque ligneuses, foliacées, élevées ; à fructification axillaire réunie en épi, consistant en une coque sessile, crustacée, s'ouvrant à la maturité en plusieurs valves, et répandant une poussière fine inflammable.

1. L. MASSUE. L. *clavatum, L.* Tige rampante de 50 à 60 centimètres ; feuilles terminées par un poil ; épi composé d'écailles et de coques situées à leur aisselle. Ces coques fournissent une poudre nommée soufre végétal, qui s'enflamme facilement et sert aux feux d'artifice.

La poudre de lycopode, imperméable et légère, sert surtout pour saupoudrer les écorchures des enfants, etc. R.

2. L. AQUATIQUE. L. *inundatum, L.* Feuilles sans poil. Dans les étangs des bois. R.

5. L. SÉLAGINE. L. *selago, L.* F. sur huit rangs couvrant la tige. RRR. Terre de bruyère des forêts montagneuses.

4. L. CYPRÈS. L. *cyparissus. A., B.* F. couvrant la tige sur quatre rangs, dont deux opposées plus grandes et étalées. RR. Sur la terre de bruyère des forêts montagneuses.

3me Tribu. — Les FOUGÈRES.

Plantes constituées de feuilles simples ou composées, portant la fructification à la face inférieure, consistant en petites capsules (sporanges) sessiles ou pédicellées, nues ou entourées d'un anneau élastique, ou recouvertes d'un tégument, groupées de diverses manières.

Capsule nue.

1re *Famille*. LANGUE DE SERPENT. *Ophioglosse, B.* Capsules (sporanges) sessiles disposées en épi sur une feuille réduite au rachis, la 2me stérile foliacée.

1. L. VULGAIRE. O. *vulgatum, L.* Epi linéaire distique. R. Dans les prés humides.

2. L. LUNAIRE. *Botrychium lunaria, Sw. Osmunda, L.* Sporanges en panicule. Feuille stérile, pinnée. Dans les prés et les marais montagneux.

2me — OSMUNDE. *Osmunda, Lam.* Sporanges pédicellés en panicule à la partie supérieure des feuilles, enroulés pendant la préfoliation.

1. O. ROYALE. O. *regalis, L.* Très-grande, à feuilles bipinnées. Dans les marais des forêts.

Employée pour faire des lits aux enfants rachitiques, scrofuleux.

Sporanges entoures d'un anneau.

3me — POLYPODE. *Polypodium, L.* Sporanges en groupes arrondis, à la face inférieure des feuilles.

1. P. VULGAIRE. P. *vulgare, L.* Feuilles pinnatipartites. Sur les rochers, les vieilles souches d'arbres.

2. P. DRYOPTÈRE. P. *dryopteris, L.* Feuilles bitripinnées. RR.

3. P. RAIDE. P. *calcareum, S.* Rachis pubescent. C. Dans les lieux pierreux, sur la craie.

4me — CETERACH OFFICINALE, *L.* Capsules entremêlées d'écailles brunes. RRR.

Sporanges couverts d'un tégument.

5me — ASPIDE. *Aspidium, Sw.* Capsules en groupes arrondis.

1. A. PIQUANT. A. *aculeatum, S. Polypodium—. L.* Pinnule épineuse. RR.

2. A. FRAGILE. A. *fragile, Sw. Polypodium — L. Cyathea, S. Cystopteris —, B., C. et G.* Feuilles à segments ovales obtus. R.

3. A. FOUGÈRE FEMELLE. A. *filix femina, Sw. Polypodium —, L.* Feuilles bipinnées, aiguës, longues. CC.

6me — POLYSTIQUE. *Polystichum, R.* Sporanges agglomérés sur les pinnules.

1. P. FOUGÈRE MALE. P. *filix mas, S. Polypodium—, L.* Feuilles pinnatipartites, longues, à pinnules longues, lobes mutiques. CCC. Dans les bois humides.

La racine passe pour vermifuge. L'usage le plus fréquent est d'en faire des couches aux enfants languissants.

2. P. ÉPINEUX. P. *spinulosum, D.* Sporanges sur les côtes de la nervure médiane. CC.

3. P. A CRÈTE. P. *dilatatum, D. Polypodium —. L.* Feuilles molles. RR.

4. P. AIGU. P. *aculeatum, R.* Pinnule terminale aiguë. RR.

7me — DORADILLE. *Asplenium, L.* Capsules en groupes linéaires sur les nervures secondaires.

1. D. POLYTRIQUE. A. *trichomanes, L.* Feuilles en touffes partant de la racine; pétiole noir luisant. CC.

La décoction fait une boisson contre les irritations chroniques de la poitrine.

2. D. CAPILLAIRE NOIR. D. *adianthum nigrum*, *L*. Feuilles dont les deux tiers inférieurs sont nus et de couleur pourpre. R. Sur les sables humides.
Mêmes propriétés que le précédent.

3. D. RUE DE MURAILLE. A. *ruta muraria*, *L*. Capsules formant un seul groupe au centre des divisions des feuilles. C. Sur les murs et les roches humides.

4. D. SEPTENTRIONALE. A. —, *D. Acrosti-chum* —, *L*. Feuilles seulement divisées au sommet en 2-5 segments. RR.

8me — SCOLOPENDRE. *Scolopendrium*, *S*. Feuilles entières, lancéolées, cordées.

S. OFFICINALE. S. *officinale*, *S. Asplenium* —, *L*. CC. Dans les puits et les lieux ombragés.

9me — PTERIS, *L*. Capsules formant nne ligne le long du bord de la feuille tripinnée.

P. PORTE-AIGLE. P. *aquilina*, *L*. Fougère commune. La racine coupée en travers montre un aigle à deux têtes. CCC.
Elle donne beaucoup de potasse par l'incinération.

10me — BLECHNE. *Blechnum*, *L*. Feuilles, les fructifères longues, les stériles plus courtes.

B. A ÉPIS. B. *spicant*, *W. Osmunda* —, *L*. R.

4me Tribu. — Les ARTICULÉES AQUATIQUES.

1re *Famille*. PRÊLE. *Equisetum*, *L*. Plante à tige droite, creuse, articulée, sans feuilles, à rameaux verticillés ; fructification en épi terminal. formée par de petites écailles qui renferment les organes fructifères.

Tiges fructifères et tiges stériles.

1. P. DES CHAMPS. *Equisetum arvense*, *L.* Tiges stériles vertes ; les fertiles sans rameaux. CCC. Champs humides. Mai.

2. P. DES MARAIS. E. *palustre*, *L.* Tiges à rameaux nombreux. CCC. Prés humides.

3. P. LIMONEUSE. E. *limosum*, *L.* Tiges à rameaux seulement en haut. CC. Fossés aqueux.

4. P. IVOIRE. E. *Telmateya*, *E.* Tiges stériles blanches. Lieux aqueux des forêts.

5. P. D'HIVER. E. *hiemale*, *L.* Tiges rudes sans rameaux. RR. Les bois.

6. P. DES FORÊTS. E. *silvaticum*, *L.* Tiges verticillées, à rameaux longs pour les stériles et courts pour les fertiles. RR.

2ᵐᵉ — PILULAIRE. *Pilularia*, *V.* Capsules solitaires, globuleuses, à quatre loges.

P. GLOBULIFÈRE. P. *globulifera*, *L.* Feuilles linéaires réduites au rachis. RR. Dans les eaux croupissantes.

CHARACÉES.

3ᵐᵉ — CHARAGNE. *Chara*, *L.* Submergée ; tige à ramuscules verticillés au niveau des articulations, portant les organes de la fructification, qui sont mâles, anthéridés, globule rouge ; femelles, globules bacciformes oblongs.

1. C. VULGAIRE. C. *vulgaris*, *L.* Fétide ; tige encroûtée au fond des eaux stagnantes. C.

2. C. TRANSPARENTE. C. *flexilis*, *L.* Tiges grêles, blanchâtres. Moins C.

3. C. GRACILIS, *S.* Ramuscules à divisions capillaires. R.

4. C. HÉRISSÉE. C. *hispida*, *L*. Tiges blanchâtres hispides. R. Dans les étangs.

5. C. TOMENTEUSE. C. *tomentosa*, *L*. Tiges blanchâtres à ramuscules allongés. Dans les fossés aquatiques. RR.

2ᵐᵉ Division. — Monocotylédons

PHANÉROGAMES.

Enveloppe florale herbacée ou nulle, ou une spathe.

Tribu des AQUATIQUES SPATHÉES.

Périanthe membraneux.

LEMNACÉES.

1ʳᵉ *Famille*. LENTICULE. *Lenticula, Lam*. *Lemna, L*. Petite plante recouvrant la surface des eaux tranquilles, sans feuilles, à articles aplanis, et offrant les organes fructifères au côté des tiges ou frondes qui présentent une fente.

1. L. A TROIS SILLONS. L. *trisulca*, *L*. L. *ramosa, Lam*. Frondes, simulant une feuille oblongue, réunies par trois. CC. Sur les étangs.

2. L. MINEURE. L. *minor*, *L*. Fronde plane en dessous. CC. Couvre les eaux tranquilles.

3. L. BOSSUE. L. *gibba*, *L*. Frondes convexes. C. Fossés aquatiques. Juillet.

4. L. POLYRHIZE. L. *polyrhiza*, *L*. Frondes rouges en dessous. RR.

POTAMÉES.

2ᵐᵉ — POTAMOGETON, *L*. Fleurs en épi;

feuilles submergées ou nageantes ; fleurs à spathe
à quatre divisions, verdâtres. Feuilles alternes.

1. EPI D'EAU CRÊPU. P. *crispum*, *L*. Feuilles ondulées crispées. C. Sur les eaux.

2. E. PERFOLIÉ. P. *perfoliatum*, *L*. Feuilles cordées, amplexicaules. R. Les rivières.

3. E. LUISANT. P. *lucens*, *L*. Feuilles pétiolées,
mucronées. R. Les rivières.

Feuilles opposées.

4. E. PAUCIFLORE. P. *densum*, *L*. Feuilles planes
rapprochées. C. Les ruisseaux.

Stipules en forme de spathe axillaire.

5. E. GRAMINÉ. P. *pusillum*, *L*. Tige cylindrique.
RR.

6. E. LANCÉOLÉ. P. *lancifolium*, *K*. P. *serratum*,
Lam. Tige dichotome. RR.

7. E. COMPRIMÉ. P. *compressum*, *L*. Tige plate,
feuilles de graminées. RRR.

8. E. SÉTACÉ. P. *setaceum*, *L*. Feuilles très-rap-
prochées. RR.

9. E. PECTINÉ. P. *pectinatum*, *L*. Feuilles à nervures transversales. RR.

Feuilles supérieures coriaces.

10. E. NAGEANT. P. *natans*, *L*. Feuilles à filaments sétacés. CC. Dans les étangs.

11. E. PLANTAIN. P. *plantagineum*, *D*. Feuilles
ovales aiguës. RR.

3ᵐᵉ — ZANICHELLIE. *Zanichellia*, *L*. Monoïque ;
mâle, une étamine ; femelle, à périanthe campanulé. Fleurs sessiles.

1. Z. DES MARAIS. *Z. palustris*, *L*. Feuilles
capillaires. C. Les ruisseaux.

4ᵐᵉ — TROCART. *Triglochin, L.* Périanthe à six divisions régulières ; fleurs spiciformes terminales ; feuilles radicales ressemblant aux joncs.

T. DES MARAIS. T. *palustre.* CC.

5ᵐᵉ — NAIADE. *Naïas, L.* Submergée. Fleur mâle à une étamine, fleur femelle à un ovaire, entourés, l'un et l'autre, d'une spathe.

N. MAJEURE. N. *major, R.* Feuilles sinuées, dentées. RR.

Tribu des APÉRIANTHÉES.

Graines pourvues de périsperme. Périanthe nul.

AROÏDÉES.

1ʳᵉ *Famille.* ARON, *Arum, L.* Souche charnue, farineuse, à suc âcre ; spathe en cornet, spadice droit coloré ; baies rouges en épi oblong.

A. MACULÉ. A. *maculatum.* Gouet, pied-de-veau. Feuilles amples, pétiolées. CC. à l'ombre.

La fécule obtenue de la racine forme un amidon qui remplace avantageusement le savon.

2ᵐᵉ — ACORE. *Acorus, L.* Spadice cylindrique, à f. terminale, couvert de fleurettes ; feuilles longues comme celles de l'iris aquatique.

A. AROMATIQUE. A. *calamus, L.* Roseau aromatique. Tige donnant le spadice moins élevé que les feuilles. RR. Dans les étangs.

Racine pour aromatiser les liqueurs, etc.

TYPHACÉES.

3ᵐᵉ — MASSETTE. *Typha, T.* Aquatique. Tige élevée, terminée par un épi noir cylindrique long constituant les parties fructifères, les mâles en haut et les femelles en bas; feuilles ensiformes de la longueur des tiges (4 à 5 pieds).

1. M. A FEUILLES ÉTROITES. T. *angustifolia*, **L**. Épi interrompu.

2. M. A FEUILLES LARGES. T. *latifolia*. **L**. Epi continu. CC.

———

4ᵐᵉ — RUBANIER. *Sparganium*, **T**. Têtes globuleuses, dont les supérieures sont à organes mâles, et les inférieures, plus grosses, à organes femelles; aquatique.

1. R. RAMEUX. S. *ramosum*, **T**. Têtes en panicule.

2. R. SIMPLE. S. *simplex*, **H**. Têtes en épi.

3. R. FLOTTANT. S. *natans*, **L**. S. *minimum*, **R**. Têtes flottantes. C.

———

CYPÉRACÉES.

5ᵐᵉ — SOUCHET. *Cyperus*, **T**. Epillets aplatis. à écailles imbriquées fertiles, disposés en glomérules munis de bractées foliacées.

1. S. BRUN. C. *fuscus*, **L**. Epillets et feuilles linéaires. ◉ C. Bords des eaux.

2. S. JAUNATRE. C. *flavescens*, **L**. Epillets jaunâtres. ◉ R.

———

6ᵐᵉ — CHOIN. *Schœnus*, **L**. Epillets en fascicule terminal, à bractées embrassantes, à écailles supérieures fertiles.

1. C. NOIR. S. *nigricans*, **L**. Une bractée plus longue. C. Mai.

2. C. MARISQUE. S. *mariscus*, **L**. Tige feuillée et grande. Marais tourbeux.

3. C. BLANC. S. *albus*, **L**. Epillets blanchâtres. RR.

7ᵐᵉ — SCIRPE. *Scirpus , T.* Epillets à écailles imbriquées uniformes, arrondis.

1. S. DES LACS. S. *lacustris, L.* Grand jonc. Inflorescence latérale. CCC.

2. S. SÉTACÉ. S. *setaceus, Lam.* Tige filiforme. R.

3. S. DES BOIS. S. *sylvaticus, L.* Tige triquètre, épillets verts. CC.

4. S. CYPRE. S. *cyperoides, Lam.* S. *maritimus, L.* Epillets bruns, à écailles bifides. R.

Epillets distiques.

5. S. DES MARAIS. S. *palustris, L.* S. *equiseti.* Un seul épillet. C.

6. S. CARET. S. *caricis, R.* Feuilles presque aussi hautes que les tiges. R.

7. S. UNIGLUME. S. *uniglumis, L.* Epillet oblong. R.

8. S. EN ÉPINGLE. S. *acicularis, L.* Tige capillaire. R.

9. S. DES GAZONS. S. *cœspitosus, L.* Gaînes foliacées. R.

10. S. FLOTTANT. S. *fluitans, L.* Tige rameuse. Dans les mares.

11. S. GLAUQUE. S. *glaucus, S.* Ecailles scabres. R.

——————

8ᵐᵉ — LINAIGRETTE. *Eriophorum, L. Linagrostis, T.* Houppe soyeuse blanche enveloppant la semence, en forme de panache, très-allongée à la maturité.

1. L. A LARGES FEUILLES. E. *latifolium, H.* Pédoncules scabres. CC. Les marais.

2. L. A FEUILLES ÉTROITES. E. *angustifolium.* Pédoncules lisses. C. Les marais des bois.

5. L. A GAINE. E. *vaginatum*, **L**. Un seul épi. C.

4. L. TOMENTEUSE. E. *gracile*, **K**. Epillets multiples. R.

2me *Fraction*. **APÉRIANTHÉES UTRICULÉES.**

Utricule remplaçant le périanthe.

CARICÉES.

1re *Famille*. CARET. *Carex, **L***. Nombreuse famille se rapprochant des graminées, par leurs parties fructifères surtout, qui se composent d'épillets ou épis, imbriqués d'écailles, uniflores, unisexuels ou hermaphrodites; trois étamines; un style à trois stigmates filiformes, enveloppé de l'utricule, qui persiste pour la graine. Feuilles tristiques et tige ord. triquètre.

Epi solitaire.

1. C. PUCIER. C. *pulicaris*, *L*. Epillets mâles en haut et femelles en bas. C. Marais tourbeux.

2. C. DAVALIANE. C. *davalliana*, *S*. Tige scabre. C.

3. C. DIOIQUE. C. *dioica*, *L*. Tige capillaire lisse. C.

Epillets multiflores. Utricules dépassant l'écaille.

4. C. DISTIQUE. C. *disticha*, **H**. Epillets intermédiaires mâles. C.

5. C. VULPIN. C. *vulpina*, *L*. Epi oblong, interrompu. CC. Mai.

6. C. HÉRISSÉ. C. *muricata*, *L*. Ecailles mucronées. C.

7. C. LOLIACÉ. C. *virens*, *K*. Utricule très-développé. R.

8. C. ÉCARTÉ. C. *remota*, *L*. Très-longues bractées. R.

9. C. ÉTOILÉ. C. *stellata*, **S**. Utricule en étoile. R. Mai.

10. C. VULGAIRE. C. *vulgaris*. Feuilles à gaînes entières. C.

11. C. GAZON. C. *cœspitosa*, **L**. Scabre, triquètre. C.

12. C. DES MONTAGNES. C. *montana*, **L**. Ecailles noirâtres. C.

Utricules glabres.

13. C. A PAIN. C. *panicea*, **L**. C. *pilosa*, **M**. Ecailles rougeâtres, brun. C. Marais.

14. C. GRAND. C. *maxima*, **S**. Ecailles rougeâtres. R.

15. C. JAUNE. C. *flava*, **L**. Bractées foliacées. CC.

16. C. FAUVE. C. *fulva*, **D**. Utricule vert. CC. Marais.

17. C. ESPACÉ. C. *distans*, **L**. Utricule jaunâtre. CC. Bois.

18. C. SOUCHET. C. *pseudo-cyperus*, **L**. Utricule bicuspidé. R.

Utricule à pointe bicuspidée.

19. C. A LONGUES FEUILLES. C. *longifolia*, **Th**. Utricule renflé. C.

20. C. A VESSIE. C. *vesicaria*, **L**. Utricules et écailles jaunes. C.

21. C. VELU. C. *hirta*, **L**. Ecailles blanchâtres. C. Sables humides.

22. C. FILIFORME. C. *filiformis*, **L**. Feuilles roulées. RR. Les bois.

Utricule égalant l'écaille.

23. C. PANICULÉ. C. *paniculata*, **L**. Feuilles à aspect panaché. RR.

24. C. LÉPORINE. C. *leporina*, *L*. Bractées scarieuses. C.

25. C. PILULIFÈRE. C. *pilulifera*, *L*. Utricule globuleuse. RR.

26. C. TOMENTEUX. C. *tomentosa*, *L*. Utricule tomenteux. C.

27. C. PRÉCOCE. C. *præcox*, *J*. Bractées engaînantes. CC.

28. C. PETIT. C. *humilis*, *Leg*. Très-petit, scabre. C. Les pâtis.

29. C. DIGITÉ. C. *digitata*, *L*. Trois ou quatre épillets linéaires. RR. Avril.

30. C. GLAUQUE. C. *glauca*, *S*. Tige à écailles stériles sup^{nt}. CC.

31. C. PALE. C. *pallescens*, *L*. Ecailles blanches jaunâtres. C.

32. C. PALUDEUX. C. *paludosa*, *S*. C. *rigens*, *Th*. Ecailles obtuses. C. Bords des eaux.

33. C. RIVERAIN. C. *riparia*, *L*. Ecailles des épis mâles aristées. C.

Utricules dépassés par l'écaille.

34. C. ARENACÉ. C. *arenaria*, *L*. Epillets des trois genres. RR.

35. C. DES BOIS. C. *nemorosa*, *D*. Ecailles foliacées.

36. C. AIGU. C. *acuta*, *L*. Bractées dépassant la tige. R.

37. C. NAIN. C. *flava pumila*, *L*. et *S*. Epis femelles sessiles. CC. Pâtis.

38. C. BLANCHATRE. C. *canescens*, *Th*. Utricule à points rougeâtres. CC.

Les Carex forment le fourrage des marais et des

bois, et sont extrêmement peu nourrissants. Le
drainage est le moyen de s'en débarrasser.

3ᵐᵉ *Fraction*. — **JONCÉES.**

Périanthe scarieux.

Feuilles cylindriques.

1ʳᵉ *Famille.* **JONC. Juncus, T.** Capsule à trois
loges. Lieux humides.

1. J. CONGLOMÉRÉ. **J. *conglomeratus, L.*** Fleurs
agglomérées. CCC.

2. J. ÉPARS. **J. *effusus, L.*** Fleurs en panicule
latérale. CCC.

3. J. GLAUQUE. **J. *glaucus, E.*** Tiges glauques.
CCC.

Tiges feuillées; fleurs solitaires.

4. J. BULBEUX. **J. *bulbosus, L.*** Tiges renflées à
la base. C.

5. J. DES CRAPAUDS. **J. *bufonius, L.*** ❋ F. sétacées. C. Bois.

6. J. A BOUQUET. **J. *fasciculatus, K.*** ❋ Fleurs en
bouquet. RR.

7. J. TENAGE. **J. *tenageia, L.* J. *Vaillantii, Th.***
❋ Périanthe aigu. RR. Sables d'alluvions.

Fleurs en glomérules.

8. J. NOUEUX. **J. *articulatus, D.*** Écailles engaînantes jaunes. C. Juillet.

9. J. AIGU. **J. *acutiflorus, E.*** Capsules en long
bec. C.

10. J. LAMPOCARPE. **J. *lampocarpus, E.*** Capsules mucronées. C.

11. J. COUCHÉ. **J. *supinus, M.*** F. noueuses. R.

12. J. FLOTTANT. **J. *fluitans, D.*** Bractées et périanthe foliacés. R.

Feuilles planes

2me — LUZULE. *Luzula, D.* Capsule uniloculaire.

Fleurs solitaires en panicules.

1. L. FORSTER. *L. forsteri, D.* F. linéaires. C. Bois, pâtis.

2. L. POILUE. *L. vernalis, D.* F. radicales poilues. CCC.

Fleurs en glomérules.

3. L. GRANDE. *L. maxima, D.* Panicule étendue. R. Bois montagneux.

4. L. BLANCHATRE. *L. albida, D.* J. niveus, *L.* Périanthe blanc. RRR.

5. L. CHAMPÊTRE. *L. campestris, D.* Juncus —. *L.* Epis penchés. C. Bois-taillis.

6. L. MULTIFLORE. *L. multiflora, Lej.* Epis dressés. CC.

Tribu des PÉRIANTHÉES (glumellules ou glumelles).

GRAMINÉES.

Tige, chaume, feuilles distiques embrassant la tige, puis se terminant en ligule; les fleurs forment des épillets ord. hermaphrodites, disposés en épi, en panicule ou en grappe, avec trois étamines et deux styles, et pour périanthe des balles calicinales, glumelle ou balle florale, glumellule souvent terminée par une barbe.

1re *Fraction.* — VULPINÉES.

Panicule spiciforme.

1re *Famille.* VULPIN. *Alopecurus, L.* Epi cylindrique à barbes.

1. V. DES PRÉS. **A.** *pratensis*, *L*. Epi cendré. C.

2. V. DES CHAMPS. **A.** *agrestis*, *L*. ⬤ Epis obtus violacés. CC.

5. V. GENOUILLÉ. **A.** *geniculatus*, *L*. Epis panachés. C. Lieux humides.

4. V. FAUVE. **A.** *fulvus*, *S*. Tiges genouillées. R. Marais tourbeux.

5. V. UTRICULÉ. **A.** *utriculatus*, *P*. F. vésiculeuse à la gaine. RR. Prés.

———————————

2ᵐᵉ — PHALARIDE. *Phalaris*, *L*. Deux petites écailles ciliées à la base de l'épillet.

1. P. ROSEAU. P. *arundinacea*, *L*. Panicule blanchâtre. C. Bords des eaux.

2. P. A FEUILLES RAYÉES DE BLANC. Dans les jardins.

5. P. DE CANARIE. P. *canariensis*, *L*. Dans les jardins. Pour les oiseaux.

———————————

5ᵐᵉ — FLOUVE. *Anthoxanthum*, *L*. Epi court, jaunâtre, barbu.

F. ODORANTE. **A.** *odoratum*, *L*. Racine aromatique. CC. Prés et bois.

———————————

4ᵐᵉ — CRYPSIDE. *Crypsis*, *S*. Point d'écailles à la base de l'épillet.

C. VULPINE. C. *alopecuroides*, *S*. Epi noirâtre. RRR.

———————————

5ᵐᵉ — FLÉOLE. *Phleum*, *L*. Epi cylindrique long.

1. F. DES PRÉS. P. *pratense*, *L*. Glumelle blanche sur les côtés. CCC.

2. F. BŒHMERI. *P. Bœhmeri, W.* Epi grêle, glumelle pédonculée.

2ᵐᵉ *Fraction.* — PANICÉES.

Epillets uniflores, comprimés par le dos.

1ʳᵉ *Famille.* PANIC. *Panicum, L.* Panicule rameuse ou digitée.

Panicule en grappe.

1. P. PIED-DE-COQ. *P. crus galli, L.* ⚫ Epillets fasciculés. CC. Lieux cultivés.

Panicule digitée.

2. P. CHIENDENT. *P. dactylon, L.* Epis violets. Glumes scabres. CC. Les sables.

3. P. SANGUIN. *P. sanguinale, L.* ⚫ F. rougeâtres. R. Lieux cultivés.

4. P. GLABRE. *P. glabrum, S.* ⚫ Tiges couchées. R.

Panicule spiciforme. Soies raides à l'épillet.

5. P. VERTICILLÉ. *P. verticillatum, L.* ⚫ F. scabres, aiguës. C. Les vignes.

6. P. VERT. *P. viride, L.* ⚫ Epi cylindrique vert. CC. Les jardins.

7. P. GLAUQUE. *P. glaucum, L.* ⚫ Gaînes chargées de poils blancs. C.

8. P. MILLET. *P. miliaceum, L.* F. poilues. Cultivé.

9. P. DES OISEAUX. *P. italicum, L.* Grosse panicule. Cultivé.

2ᵐᵉ — BARBON. *Andropogon, L.* Epis linéaires velus.

B. VELU. *A. villosum, Lam.* Panicule digitée. RR.

C'est avec ses racines que l'on fait les brosses
dites de chiendent.

Epi filiforme.

5me — MIBORE. *Mibora, A.* Epillets unilatéraux.

M. PRINTANIER. M. *verna, B.* M. *minima, L.* ●
Epi violet. RR. Terrains cultivés.

========

5me *Fraction.* — **AGROSTIDÉES.**

Panicule ramifiée à épillets comprimés latéralement.

1re *Famille.* AGROSTIDE. *Agrostis, L.* Epillets
à rameaux verticillés.

1. A. STOLONIFÈRE. A. *stolonifera, L.* Ligule
oblongue. CC.

2. A. GÉANTE. A. *gigantea, M.* Chaume dressé.
C. Les bois.

5. A. VULGAIRE. A. *vulgaris, W.* Ligule tron-
quée. CCC.

4. A. CANINE. A. *canina, L.* F. radicales roulées
sétacées. R.

5. A. MUTIQUE. A. *mutica, S.* Arête nulle.

6. A. A LONGUES ARÊTES. A. *gemina, S.* R.

7. A. ÉVENTÉ. A. *spica-venti, L.* Panicule ample.
● CC. Les moissons.

2me — CALAMAGROSTIS. *Calamagrostis, A.* Fl.
à longs poils. Faux roseaux.

1. C. LANCÉOLÉ. C. *lanceolata, R.* *Arundo* —,
L. E. rougeâtre. R.

2. C. TERRESTRE. C. *epigeios, R.* *Arundo* —. *L.*
Tige élevée, feuillée. C. Lieux humides.

5. C. DES SABLES. *C. arenaria. R.* Epillets en panicule spiciforme. R.

3me — MILLET. *Milium, L.* Panicule verticillée étalée.

M. ÉPARS. M. *effusum, L.* Tige élevée, épillets petits. C. Mai.

4me— ARRHÉNATHÈRE. *Arrhenatherum, P. B.* Epillets à f. mâle inférieure.

1. A. FROMENTALE. A. *elatius, M. K. Avena—, L.* Epillets luisants. C.

2. A. BULBEUX. A. *bulbosum, K.* ☉ Tige à boselures charnues à la base. C. Moissons.

5me — HOULQUE. *Holcus, L.* Glumelle inférieure mâle à arête tordue, panicule rameuse.

1. H. LAINEUSE. H. *lanatus, L.* A nœuds, f. et gaînes velus. CCC.

2. H. MOLLE. H. *mollis, L.* Grande avoine. Gaînes glabres. C. Les bois.

Epi en grappe.

6me — MÉLIQUE. *Melica, L.* Une ou deux fleurs rudimentaires. Stigmate plumeux.

1. M. UNIFLORE. M. *uniflora, R.* Epillets à une fleur. C. Les bois.

2. M. PENCHÉE. M. *nutans, L.* Glumelle rouge-brun. R.

3. M. BLEUE. M. *cærulea, L.* Panicule allongée et un peu panachée. RR. Taillis.

1ʳᵉ *Fraction.* **FÉTUQUES**.

Glume plus courte que l'épillet pédonculé.

1ʳᵉ *Famille.* **PATURIN**. *Poa, L.* Panicule à rameaux étalés ou dressés.

Glumelle herbacée se détachant avec les articles du rachis.

1. P. ANNUEL. P. *annua, L.* Panicule unilatérale et petite. CCC.

2. P. BULBEUX. P. *bulbosa, L.* Tige renflée à la base. CC.

3. P. VIVIPARE. P. *vivipara, C.* et *G.* Changement des fleurs en f. CCC.

Panicule dressée.

4. P. DES BOIS. P. *nemoralis, L.* Ligule très-courte. CC.

5. P. SPONGIEUX. P. *spongiosa, S.* Filaments entrelacés aux nœuds.

6. P. GLAUQUE. P. *firmula, S.* Tiges raides. C. Bois.

Panicule étalée.

7. P. TRIVIAL. P. *trivialis, L.* Ligule aiguë. CCC.

8. P. DES PRÉS. P. *pratensis, L.* Fleurs réunies par des poils blancs. CCC.

9. P. COMPRIMÉ. P. *compressa, L.* Tige comprimée. C.

10. P. AQUATIQUE. P. *aquatica, L.* Deux taches aux gaînes. CCC.

11. P. ROSEAU. P. *phragmites. Arundo —, L.* F. scabres. CC. Lieux humides. Roseau à balais.

12. P. POILU. P. *pilosa, L.* Panicule verticillée par 4-5. RR.

2me — AMOURETTE. *Briza, L.* Epillets à long pédicule.

A. TREMBLANTE. B. *media, L.* Epillets comprimés. CCC.

3me — DACTYLE. *Dactylis, L.* Epillets courbes unilatéraux.

D. PELOTONNÉ. D. *glomerata, L.* Panicule unilatérale. CCC.

4me — CYNOSURE. *Cynosurus, L.* Panicule spiciforme, unilatérale, à épillets stériles.

C. EN CRÊTE. C. *cristatus, L.* Panicule allongée, étroite. CC.

Epillets oblongs.

5me — FÉTUQUE. *Festuca, L.* Panicule en grappe à fleurs aristées.

1. F. FLOTTANTE. F. *fluitans, L.* Epillets cylindriques. C.

2. F. ROSEAU. F. *arundinacea, S* Panicule géminée scabre. R. Bords des eaux.

3. F. ÉLEVÉE. F. *elatior, L.* Epillets violets R. Les prés.

4. F. GÉANTE. F. *gigantea, V.* Fleurs aristées longuement. C. Taillis.

5. F. HÉTÉROPHYLLE. F. *heterophylla.* Les F. radicales en gazon fin. C. Les bois.

6. F. OVINE. F. *ovina, L. Vulgaris, Koch.* Ligule à deux oreillettes. CC.

7. F. DURÈTE. F. *duriuscula, L.* F. dures, pliées en touffe. CC. Pelouse sèche.

8. F. ROUGE. F. *rubra*, *L*. F. enroulées, carénées. C.

Fleurs aristées.

9. F. FAUX MYURE. F. *pseudo-myuros*, *S*. ●
Epillets jaunâtres. RR.

10. F. BROMOÏDE. F. *bromoïdes*, *L*. F. *uniglumis*, *S*. ● RR.

11. F. A PETITES FLEURS. F. *tenuiflora*, *S*. ●
Grappes à épillets sessiles, unilatérales. R.

Fleurs mutiques.

12. F. RAIDE. F. *rigida*, *K*. ● Rameaux tri-
quètres. R.

———

6me — **BROME**. *Bromus*, *L*. Epillets multiflores,
comprimés, en panicule.

1. B. DES TOITS. B. *tectorum*, *L*. Epillets pubescents, unilatéraux. CC.

2. B. STÉRILE. B. *sterilis*, *L*. Panicule à rameaux
scabres. CC.

3. B. DES CHAMPS, B. *arvensis*, *L*. ● P. à rameaux allongés. C. Les moissons.

4. B. MOLLET. B. *mollis*, *L*. ● Epillets pubescents. CCC.

5. B. EN GRAPPE. B. *racemosus*, *L*. ● Epillet
glabre, luisant. RR.

6. B. SEIGLE. B. *secalinus*, *L*. F. glabres. Tige
solitaire. RR.

7. B. CHANGEANT. B. *commutatus*, *S*. Rameaux
courts. RR.

8. B. DROIT. B. *erectus*, *H*. Panicule raide,
dressée.

9. B. APRE. B. *asper*, *M*. F. scabres, panicule
aussi. C.

10. B. des bois. *B. sylvaticus, Lam.* Arêtes longues. CC.

11. B. pinné. B. *pinnatus , L.* Panicule en grappe étroite. C.

5me *Fraction.* — LES AVOINES.
Glumes embrassant presque tout l'épillet.

1re *Famille.* AVOINE. *Avena, L.* Glumelle inférieure à arête tordue.

1. A. cultivée. A. *sativa, L.* ⊚ Epillet à deux fleurs, panicule étalée, glumelle supérieure blanchâtre ou brunâtre : de là deux variétés. Cultivée en grand.

2. A. a grappe. A *racemosa, Th.* A. *orientalis, S.* Avoine de Hongrie. Panicule unilatérale, allongée. Cultivée.

3. A. nue. A. *nuda, L.* ⊛ Fleurs dépassant les glumes. Rarement cultivée ici.

4. A. follette. A. *fatua, L.* ⊛ Glumelles à longs poils. Epillet à trois fleurs. CC. Moissons.

5. A. cariophyllée. A. *cariophyllea , W.* *Aira* —, *L.* ⊛ F. étroites. RR.

6. A. poilue. A. *pubescens , L.* Epillets argentés au sommet. C.

7. A. jaunatre. A. *flavescens, L.* F. à nervure blanche. C.

8. A. des prés. A. *pratensis , L.* Epillets de quatre à six fleurs. F. en touffe. R.

2me — CANCHE. *Aira, L.* Epillets petits et luisants.

1. C. gazon. A. *cæspitosa, L.* Souche formant de grosses touffes. C.

2. C. FLEXUEUSE. **A.** *flexuosa,* **L.** F. capillaires enroulées. C. par localités.

3. C. BLANCHATRE. **A.** *canescens,* **L.** Tige à nœuds colorés. CC.

4. C. EN CRÈTE. A. *cristata,* **L.** F. radicales pubescentes, ciliées. C. Endroits arides.

─────────────

3ᵐᵉ — SESLERIE. *Sesleria,* **A.** Epi oblong serré.

S. BLEUE. S. *cærulea,* **A.** Epillets bleuâtres. R.

─────────────

4ᵐᵉ — TRIODIE. *Triodia,* **P. B.** Panicule composée d'épillets cylindriques. RR.

═════════════

6ᵐᵉ *Fraction.* LES CÉRÉALES.

Epi simple, composé d'épillets sessiles placés dans des dépressions de l'axe.

Iᵉ *Famille.* FROMENT. *Triticum,* **L.** Epi simple, formé d'épillets pluriflores, comprimé ou tétragone.

1. F. CULTIVÉ.
{ T. *sativum,* **Lam.** Epi tétragone à épillets imbriqués sur 2 rangs.
T. *hibernum,* **L.** Blé de couvraine ordinaire, mutique.
T. *æstivum,* **L.** Blé de mars, à arêtes.

2. F. BARBU. T *turgidum,* **L.** Aussi à épi tétragone, mais barbu.

3. F. MONOCOQUE. T. *monococcum,* **L.** Epi fragile à épillets distiques.

4. F. RAMEUX. T. *compositum.* Blé de miracle. Ces deux dernières espèces se cultivent rarement.

5. F. ÉPAUTRE. T. *spelta,* **L.** Epi mince un peu

comprimé, sans arête, à grains adhérant aux glumelles.

Ces six espèces sont, les premières plus généralement, cultivées en grand, avec leurs diverses
variétés.

6. F. RAMPANT. **T.** *repens*, *L*. Chiendent officinal, à longues racines. CC.

7. F. DES CHIENS. **T.** *caninum*, *S*. *Elymus*—, *L*.
A longues arêtes. C. Les bois.

8. F. NARD. **T.** *nardus*, *L*. Epi linéaire unilatéral, à épillets uniflores. RRR. Ardennes.

2ᵐᵉ — SEIGLE. *Secale cereale*, *L*. Epi comprimé, aristé. Cultivé moins abondamment qu'autre-
fois.

3ᵐᵉ — ORGE. *Hordeum*, *L*. Epi formé d'épillets
uniflores fertiles, et d'épillets latéraux stériles,
groupés par trois sur les dents de l'axe, tous aristés.

1. O. VULGAIRE. H. *vulgare*, *L*. Epillets sur six
rangs, deux moins saillants.

2. O. DISTIQUE. H. *distichum*, *L*. Orge à deux
rangs. Petite orge.

3. O. CARRÉ. H. *hexastichum*, *L*. Epillets sur
six rangs égaux. Escourgeon. Cultivé en grand.

4. O. DE MURAILLE. H. *murinum*, *L*. Epillets
moyens à glumes ciliées. CCC.

5. O. SEIGLIN. H. *secalinum*, *Lam*. Epillets à
glumes sétacées. C. Les prés.

4ᵐᵉ — NARD. *Nardus*, *L*. Epi unilatéral, à
glumelle subulée.

N. SERRÉ. N. *stricta*, *L*. F. capillaires. RRR.

On cultive dans les jardins

Le Maïs. *Zea mays, L.* A grains subglobuleux, réniformes.

5me — IVRAIE. *Lolium, L.* Epis espacés, à épillets distiques.

1. I. VIVACE. *L. perenne, L.* Tiges et fascicules de f. nombreuses. CCC. Ray-Grass.

2. I. ORDINAIRE. *L. temulentum, L.*  Epillets pauciflores. CCC. Les moissons.

3. I. MULTIFLORE. *L. multiflorum, Lam.* ◉ CC. Lieux cultivés.

4. I. A CRÊTE. *L. cristatum, S.* Sommet de l'épi en crête. RRR.

5. I. ARISTÉE. *L. macrochaton, A. B.* ◉ Arête robuste. RRR. Moissons.

L'ivraie fournit un bon fourrage ; mais la semence est quelquefois nuisible dans le pain, par l'effet d'un lycoperdon, sclérote, qui s'y attache. Le chaulage est le moyen de s'en débarrasser.

3me Division. — MONOCOTYLÉDONS A PÉRIANTHE PÉTALOÏDE, 6 divisions.

1re SECTION. — *Ovaire soudé avec le Périanthe.*

1re Tribu. — Les PÉTIOLAIRES DIOIQUES.

1re *Famille.* MORÈNE. *Hydrocharis, L.* F. orbiculaires nageantes.

M. GRENOUILLETTE. *H. morsus ranæ*, **L**. F. par paquets sur l'eau, fleurs blanches. R. Eau dormante.

2me — TAMIER. *Tamus*, **L**. Terrestre. Tige volubile. Fruit comme des cerises.

T. COMMUN. *T. communis*, **L**. F. longuement pétiolées, cordées. C. Les bois.

2me Tribu. — ORCHIDÉES, J. Fleurs hétéroclites.

Les six divisions du périanthe très-inégales, formant casque, labelle, et souvent éperon. Souche bulbeuse. Gynandrie-Diandrie.

1re *Fraction*.

1re *Famille*. ORCHIS. *Orchis*, *T*. Labelle prolongé en éperon corniforme.

1. **O**. TACHÉ. *O. maculata*, *L*. F. tachées, fleurs blanches veinées. C. Bois.

2. **O**. LARGE FEUILLE. *O. latifolia*, *L*. Fleurs purpurines en épi. CC. Prairies.

3. **O**. MALE. *O. mascula*, **L**. Epi lâche à grandes fleurs purpurines. C. les prés. Sa bulbe donne beaucoup de fécule.

4. **O**. BOUFFON. *O. morio*, *L*. Casque veiné de vert. C. Pelouses sèches.

Ce sont les bulbes desséchées et pulvérisées de ces deux orchis qui constituent le salep.

5. **O**. BRUN. *O. fusca*, *J*. *O. militaris*, **L**. Casque ovoïde pourpré. C. Les bois.

6. **O**. DES MARAIS. *O. palustris*, **J**. Epi lâche pourpre-violet. CC. dans quelques marais

7. O. PICTÉ. O. *ustulata*, *L*. Epi à petites f.
pourpre en haut et panaché en bas. R. Prés secs.

8. O. CASQUE. O. *galeata*, *Lam*. Lobe moyen
du labelle quatre fois plus large que les latéraux.
Pas R.

9. O. PUNAIS. O. *coriophora*, *L*. Fleurs petites,
en épi rouge et vert. R. Prés.

10. O. SINGE. O. *simia*, *Lam*. Lobe moyen du
labelle bifide, linéaire. RR.

11. O. PYRAMIDAL. O. *pyramidalis*, *L*. Epi court,
rose ; éperon effilé. R. Prés secs.

12. O. CONOPSÉ. O. *conopsea*, *L*. Eperon filiforme, arqué, long. C.

13. O. ODORANT. O. *odoratissima*, *L*. Epi pur-
purin à odeur de vanille. RR. Terrain sablonneux.

14. O. BOUQUIN. O. *hircina*, *S*. *Satyrium* — *L*.
F. à odeur de bouc. RR.

15. O. VERT. O. *viridis*, *S*. *Satyrium* — *L*.
Epi d'un vert jaunâtre. RR. Marécage.

16. O. A DEUX FEUILLES. O. *bifolia*, *L*. *Alba*,
Lam. Epi d'un blanc verdâtre. CCC.

17. O. VERDATRE. O. *virescens*, *Z*. Epi d'un
blanc verdâtre, labelle linéaire. C. Bois.

18. O. PALE. O. *pallens*, *L*. Epi lâche, jaunâtre,
puant. R. Bois.

2ᵐᵉ — OPHRYS, *L*. Point d'éperon, labelle concave en arrière.

1. O. MOUCHE. O. *mucifera*, *H*. Labelle trilobé,
à lobe moyen bilobé. C.

2. O. ARAIGNÉE. O. *aranifera*. *H*. Labelle entier jaunâtre. R.

3. O. BOURDON. O. *arachnites*, *R*. Labelle a appendice recourbé en dessus. R.

4. O. ABEILLE. O. *apifera*, *H*. Labelle à appendice recourbé en dessous. RR.

5. O. LÉSÉLIE. O. *lœselii*, *L*. Fleurs petites, d'un jaune verdâtre. RRR. Marais tourbeux.

6. O. UNIBULBE. O. *monorchis*, *L*. Périanthe en cloche, labelle trifide. RR. Sol crayeux.

7. O. HOMME. O. *anthropophora*, *L*. Périanthe en casque. RR. Bois.

2me *Fraction*.

Souches à fibres radicales. Helleborines.

1re *Famille*. LIMODORE. *Limodorum*, *L*. F. remplacées par des écailles colorées.

L. AVORTÉ. L. *abortivum, S*. Orchis —, *L*. Couleur violette. RR. Bois.

2me — CÉPHALANTHÈRE. *Cephalanthera*, *L*. Tige feuillée, périanthe à divisions égales, point d'éperon.

1. C. PALE. C. *pallens, R. Serapias grandiflora*. *L*. F. ovales. RR.

2. C. FEUILLES EN ÉPÉE. C. *ensifolia, R*. F. linéaires, f. blanches à labelle taché de jaune. RR. Bois.

3. C. ROUGE. C. *rubra, R. Serapias* —, *L*. Ovaire pubescent. R. Bois.

4. C. A LARGES FEUILLES. C. *latifolia, A. Sera-*

pias —, *L.* F. devenant rougeâtres en vieillissant. C.

5. C. A FLEURS VERTES. C. *viridiflora*, *B.* Labelle à lobe moyen lilas. CC.

6. C. POURPRE NOIR. C. *atro-rubens*, *R.* Labelle acuminé, courbé. CC.

7. C. DES MARAIS. C. *palustris*, *C.* Epi panaché, penché. CC.

———————

3me — NÉOTTIE. *Neottia*, *L.* Labelle bifide, gibbeux à la base.

1. N. OVALE. N. *ovata*, *C.* et *G.* Ophrys —, *L.* Tige à deux larges feuilles. CC. Bois. Juin.

2. N. NID D'OISEAU. N. *nidus avis*, *R.* Ophrys —, *L.* T. d'un blanc roussâtre, sans feuilles. C. Sur les racines d'arbres, à l'ombre.

———————

4me — SPIRANTHE. *Spiranthes*, *L.* Epi unilatéral, contourné.

1. S. D'ÉTÉ. S. *œstivalis*, *R.* Ophrys —, *L.* F. lancéolées, linéaires. C. Marais.

2. S. D'AUTOMNE. S. *autumnalis*, *R.* Ophrys —, *L.* F. en fascicule latérale à la tige. Odeur de vanille. C. Les limons.

══════════

3e Tribu. — **IRIDÉES, J. AMARYLLIDÉES, NARCISSÉES.**

Bulbeuses, à fleurs munies d'une spathe membraneuse.

———————

1re *Famille.* IRIS, *L.* Stigmate pétaloïde, f. ensiformes.

1. I. GLAÏEUL. I. *pseudo-acorus*, *L.* Fleurs jaunes. Aquatique. CC. Les eaux.

2. I. PUANT. I. *fœtidissima, L.* F. bleuâtres, à gorge barbue. RR.

3. I. NAIN. I. *pumila, L.* Uniflore. CC. Sur les murs.

4. I. COMMUN. I. *germanica, L.* Tige rameuse pluriflore. CCC. sur les murs.

Racines à odeur f. de violettes. On en fait des chapelets pour mettre sur les lessives.

On en taille en forme de pois pour faire suppurer les cautères.

On cultive dans les jardins plusieurs variétés de ce dernier, à grandes fleurs d'un bleu clair ou violacé :

L'IRIS DE FLORENCE, *iris florentina*, à f. linéaires.

Le VARIÉ, f. blanche veinée de pourpre.

Le SULIANE, f. violet-brun marbrée de pourpre.

Le GLAÏEUL COMMUN, *gladiolus*, rouge ou blanc.

— CARDINAL, à f. écarlate tachée de blanc.

Le SAFRAN, *crocus sativus, A.*, à f. lilas.

2ᵐᵉ — NARCISSE. *Narcissus*, *L.* Périanthe muni à la gorge d'une couronne pétaloïde.

1. N. BARBEAU. N. *pseudo-narcissus, L.* Fleurs jaunes. Pas R. Avril.

2. N. DU POÈTE. N. *poeticus, L.* F. blanche à couronne rouge. RRR. Mai.

On cultive dans les jardins quatre narcisses incomparables, à fleurs jaunes :

N. JONQUILLE. N. *jonquilla, L.* A f. jaunes. Et ses variétés.

N. A BOUQUET. N. *tazetta, L.* Aussi à f. jaunes, à tige multiflore.

Le GALAND DE NEIGE. *Galanthus nivalis, L.* Campanule blanche.

NIVÉOLE DU PRINTEMPS. *Leucoium vernum, L.*
—   D'ÉTÉ.   — *œstivum.* F. verdâtre.

2me SECTION. — *Ovaire non soudé avec le périanthe.*

1re Tribu. — LILIACÉES.

Périanthe pétaloïde régulier, les divisions placées sur deux rangs, tenant lieu de calice et corolle.

1re *Famille.* COLCHIQUE. *Colchicum, T.* Bulbe donnant naissance, en automne, à des fleurs lilas, et au printemps suivant, à une tige qui porte les f. et les capsules.

C. D'AUTOMNE. C. *autumnale, L.* CCC. Les prés.

Les bulbes, privées de leur suc âcre par la dessiccation, donnent de la fécule.

2me — ANTHERICUM, *L. Phalangium, T.* Périanthe pédicellé. Fleurs blanches.

1. A. RAMEUX. A. *ramosum, L.* Style droit.

2. A. LILIAGO. —, *L.* Style décliné. Petit lis.
Le premier, pas R.; le deuxième, RR. Bois secs.

Dans les jardins :
L'ASPHODÈLE JAUNE. *Asphodelus luteus, L.* Périanthe linéaire.

Les LIS, à tige droite feuillée : L. blanc, *lilium candidum, L.;* à f. rouge orangé, L. *bulbiferum;* jaune rougeâtre ponctué de noir, L. *croceum;* à f. blanche en dedans et rougeâtre en dehors,

L. *japonicum*; jaune ponctué de noir, L. *angustifolium*; rouge-ponceau, L. *pomponium*; écarlate ponctué, L. *chalcedonicum*; jaune taché de noir, L. *canadense*; rouge taché de pourpre, L. *maculatum*; à f. renversée, d'un rouge safrané, L. *martagon*; jaunâtre ponctué de noir, L. *superbum*; rouge écarlate, L. *concolor*; etc., etc.

Les HÉMÉROCALLES, à tige nue branchue : f. blanches, H. *japonica*; jaune, H. *flava*; rouge fauve. H. *fulva*; bleu, H. *cærulea*; à pétales roulés, H. *speciosa*.

La FRITILLAIRE COURONNE IMPÉRIALE, *Fritillaria imperialis*.

3me — JACINTHE. *Hyacinthus*, L. Périanthe en cloche à divisions recourbées en dehors, bleu.

1. J. DES BOIS. H. *non-scriptus*, L. *Scilla nutans*, S. Bois et prés.

Dans les jardins :

La JACINTHE ORIENTALE, H. *orientalis*, à f. rose ou blanche.

La TULIPE, *Tulipa gesneriana*, L.

4me — VACIET. *Muscari*, T. Périanthe urcéolé.

1. V. A TOUPET. M. *comosum*, M. Houppe de f. pédicellées terminale d'un bleu violet. CCC.

2. V. A F. DE JONC. M. *juncifolium*, T. — *racemosum*, M. Fleurs bleues à limbe blanchâtre CCC. Champs cultivés.

5me — SCILLE. *Scilla*, L. Filets des étamines filiformes, f. bleues.

1. S. BIFEUILLE. S. *bifolia*, L. F. lancéolées très-longues. RR. Bois. Avril.

2. S. D'AUTOMNE. S. *autumnalis*, *L*. F. presque nulles. RRR. Bois.

6me — ORNITHOGALE. *Ornithogalum*. *L*. Filets aplanis.

1. O. DES CHAMPS. O. *arvense*, *P*. — *luteum*, *L*. F. bractéales au sommet de la tige. CC. Champs secs. Avril.

2. O. JAUNATRE. O. *flavescens*, *L*. F. se desséchant à la floraison. C. Les bois.

3. O. OMBELLÉ. O. *umbellatum*, *L*. Dame de onze heures. F. linéaires radicales. R. dans les champs. C. dans les jardins. Sa bulbe est mangeable.

Dans les jardins : l'ÉPI DE LAIT, O. *pyramidale*, *L*.

2me Tribu. — ALLIACÉES.

Fleurs en ombelle simple, globuleuse, terminale.

AIL. *Allium*, *T*. F. renfermées avant l'épanouissement dans une spathe.

1. A. PÉTIOLÉ. A. *petiolatum*, *Lam*. A. *ursinum*, *L*. Deux feuilles. Fleurs blanches. Assez C. Bois humides.

2. A. VERDATRE. A. *virescens*, *Lam*. A. *oleraceum*, *L*. Ombelle munie de bulbilles à pédicelles penchés. Assez R.

3. A. JONCIER. A. *juncifolium*, *T*. *Pallens*, *L*. F. jaunes. Assez R.

4. A. CARINÉ. A. *carinatum*, *L*. F. d'un pourpre foncé. R.

5. **A. des vignes.** A. *vineale*, *L.* F. cylindrique.
Fleurs rougeâtres. CCC. Cives.

6. **A. a tête ronde.** A. *sphærocephalum*, *L.* F.
rouges. R. Champs cultivés.

7. **A. anguleux.** A. *acutangulum*, *S.* Tige en-
gaînée, F. rose. RR. Marais.

On cultive :

L'Ognon, A. *cepa*; la Civette, A. *fistulosum*;
l'Echalotte, A. *ascalonicum*; l'Ail ordinaire,
A. *sativum*; le Poireau, A. *porrum*, *L.*; la Rocam-
bole, **A. *scorodoprasum*,** *L.*, qui est subspontanée
dans quelques vignes, f. à bords scabres.

3ᵐᵉ Tribu. — ASPARAGINÉES.

Fruit bacciforme, charnu, polysperme.

1ʳᵉ *Famille.* ASPERGE. *Asparagus*, *T.* Dioique,
périanthe campanulé, pédicellé.

A. officinale. A. *officinalis*, *L.* Baie rouge. R.
On mange les pousses. On en boit la décoction
comme sédative et diurétique.

2ᵐᵉ — FRAGON. Petit Houx. *Ruscus*, *L.* Dioïque. Ramuscules aplanis, terminés en épine.

F. piquant. R. *aculeatus*, *L.* Arbuste toujours
vert. RR.
Mêmes propriétés que l'asperge.

3ᵐᵉ — PARISETTE. *Paris*, *L.* Périanthe à huit
divisions étalées.

P. quatre feuilles. P. *quadrifolia*, *L.* F. verticillées. Baie bleuâtre. C. Bois couverts.

4me — MUGUET. *Convallaria*, *L*. Périanthe campanulé, urcéolé.

M. DE MAI. C. *maialis*, *L*. F. radicales ; f. blanches en grappe terminale. Odeur suave. Séchées, sternutatoires. CCC. Les bois.

5me — POLYGONE. *Polygonatum*, *T*. Périanthe cylindrique, baies violettes.

1. P. MULTIFLORE. P. *multiflorum*, *D*. Tige cylindrique arquée feuillée. C. Bois couverts.

2. P. ANGULEUX. P. *vulgare*, *D*. Sceau de Salomon. Tige anguleuse arquée, à gaîne membraneuse en bas. CC. Les bois.

6me — MAYANTHÈME. *Mayanthemum*, *V*. Périanthe à quatre divisions, baies rougeâtres.

M. DEUX FEUILLES. M. *bifolium*, *D*. Tige ord., deux feuilles cordées. Assez C. Bois montagneux.

4me Tribu. — ALISMACÉES.

Plantes aquatiques. Périanthe à six divisions : les trois extérieures caliciformes, persistantes ; les intérieures pétaloïdes, fugaces.

1re *Famille*. FLUTEAU. *Alisma*, *L*. Fruit composé de carpelles nombreuses, monospermes, verticillées ou en tête.

1. F. PLANTAGINÉ. A. *plantago*, *L*. Panicule étalée, verticillée de f. rosées. CCC. Fossés d'eau. Variété à f. étroites.

2. F. RENONCULIER. A. *renonculoïdes*, I.. F. en ombelle terminale, ou en deux verticilles, rosées. R. Marais.

3. F. NAGEANT. A. *natans*, *L.* F. blanches, pédicellées au niveau des nœuds. R. Eaux dormantes.

2me — DAMASONE. *Damasonium*, *J.* Carpelles disposées en étoile. D. *vulgare*, *C.* et *G.* F. blanches un peu rosées. RR. Bords des étangs.

3me — SAGITTAIRE. *Sagittaria*, *L.* F. blanches verticillées, les mâles en haut et les femelles en bas.

1. S. AQUATIQUE. S. *aquatica*, *Lam*. F. sagittées pétiolées. CCC. Les fossés d'eau.

4me — BUTOME. *Butomus*, *T.* F. assez grandes, rosées, en ombelle terminale.

1. B. OMBELLÉ. B. *umbellatus*, *L.* Jonc fleuri. F. roses pédonculées. CC. Les eaux.

TROISIÈME SÉRIE DE LA VÉGÉTATION.

DICOTYLÉDONS.

TÉLÉPHITES, plantes complètes.

1re *Division*. APÉTALES. { 1re SECTION. Ni calice, ni corolle. { 2me SECTION. Un calice.
2me *Division*. MONOPÉTALES, corollées.
3me *Division*. POLYPÉTALES, pétalées.

1re Division. — FLEURS APÉTALES.

1re SECTION. — *Ni calice, ni corolle.*

Ovules libres.

1re Tribu. — CONIFÈRES.

Arbres ou arbustes résineux, à chatons mâles

formant de petites grappes écailleuses et terminales ; chatons femelles, cônes, situés au-dessous,
formés d'écailles imbriquées ligneuses.

1re *Fraction.* — ABIÉTINÉES.

*Arbres à feuilles linéaires, raides ; à cônes ovoïdes ou
oblongs plus ou moins gros. Tous importés en Champagne et abondants partout.*

1re *Famille.* PIN ÉLEVÉ. *Pinus abies, L. Abies,
T.* A f. tétragones comprimées.

2me — SAPIN. *Pinus picea, L. P. pectinata,
Lam.* A f. distiques planes.

3me — PIN. *Pinus, L.* A cônes coniques, f.
fasciculées.

1. P. SAUVAGE. *Pinus sylvestris, L.* A cônes pédonculés penchés.

2. P. MARITIME. P. *maritima, Lam.* A cônes
sessiles, petits.

3. P. ROUGE ou d'ECOSSE. P. *rubra, M.*

4me — MÉLÈZE. *Larix, T.* A f. se renouvelant
chaque année.

Et plusieurs autres espèces, déjà dégénérées
dans nos plaines crayeuses.

2me *Fraction.* — CUPRESSINÉES.

Baie représentant un cône.

1re *Famille.* GENÉVRIER. *Juniperus, L.* Dioïque.
Chatons mâles, ovoïdes : c. fem., cône bacciforme
vert, puis noir.

G. COMMUN. *J. communis, L.* Arbrisseau à f.
piquantes. CCC.

Les baies fermentées avec du sucre produisent du vin ; puis, distillé, une liqueur spiritueuse très-utilisée dans le nord.

On cultive :

La Sabine, J. *sabina*, *L.*, qui est brûlante. Les vétérinaires l'emploient pour exciter la circulation, comme les médecins emploient les b. de genièvre.

L'If, *Taxus baccata*, *L.*, est aussi planté, ainsi que les Thuya, *occidentalis et orientalis*.

Le Cyprès, *Cupressus sempervirens*, *L.*

2me Tribu. — AMENTACÉES.

Chatons.

1re *Famille*. BOULEAU. *Betula*, *T.* Chatons mâles naissant en automne, se développant au printemps.

B. blanc. B. *alba*, *L.* Arbre à épiderme blanc. CCC. Var. pubescent. R.

2me — AULNE. *Alnus*, *T.* Chatons femelles ovoïdes, dressés.

1. A. glutineux. A. *glutinosa*, *G.* Arbre à épiderme noir. CCC.

2. A. a duvet blanc. A. *incana*, *D.* Est planté dans les parcs.

3me — SAULE. *Salix*, *T.* Chatons paraissant peu avant les feuilles, à écailles entières.

1. S. blanc. S. *alba*, *L.* F. blanchâtres, soyeuses, lancéolées. CCC.

2. S. osier. S. *vitellina*, *L.* Écorce des rameaux jaune ou rouge. CCC. cultivé, mais R. spontané.

3. S. fragile. S. *fragilis*, *L.* F. lancéolées.

luisantes en dessus, glauques en dessous. Souvent planté en têtard.

4. S. AMANDIER. S. *amygdalina*, *L*. Arbrisseau à rameaux olivâtres. CCC. Bords des eaux.

5. S. POURPRE. S. *purpurea*, *L*. Osier rouge. F. ovales. R.

6. S. A LONGUES FEUILLES. S. *viminalis*, *L*. Osier blanc. R. souples. C. Bords des eaux.

7. S. CENDRÉ. S. *cinerea*, *L*. F. tomenteuses, ovales, pétiolées. Pas R. Marais.

8. S. MARCEAU. S. *capræa*, *L*. Arbre à écorce grisâtre. F. larges. CCC. Les bois.

9. S. A OREILLES. S. *aurita*, *L*. Stipules réniformes ord. foliacées. CC.

10. S. RAMPANT. S. *repens*, *L*. F. petites, oblongues, chatons à bractées foliacées. R.

On plante d'autres saules qui ne sont pas indigènes :

1. SAULE PLEUREUR. S. *babylonica*, *L*. Seulement l'individu femelle.

2. S. ONDULE. S. *undulata*, *W*. 3. S. LANCÉOLÉ. 4. S. A FEUILLES D'HIPPOPHAE, *Th*. Tous trois aussi sans mâle.

5. S. RUBRA, *H*., dont le mâle n'a été rencontré qu'une fois.

6. S. SERINGEA, S. OSIER FRANC, lui sans femelle. Les échalas de S. marceau se pourrissent peu.

L'écorce du saule blanc a été préconisée contre la fièvre intermittente.

4ᵐᵉ — PEUPLIER. *Populus*, *T*. Disque en forme de cupule.

1. P. TREMBLE. P. *tremula*, *L*. F. à pétiole long, comprimé et très-mobile. CCC.

2. P. noir. P. *nigra*, *L.* F. triangulaires, dentées, aiguës, glutineuses dans leur jeunesse. CC.

3. P. blanc. P. *alba*, *L.* F. blanches, tomenteuses en dessous, cordiformes, lobées. R., mais C. cultivé.

Le **P. d'Italie**, P. *pyramidalis*, *R.*; le **P. de Hollande**, P. *canescens*, *S.*; le **P. suisse**, P. *virginiana*, *D.*; le **P. de canada**, P. *Canadensis*, *M.*, sont très-plantés.

Les peupliers, par leurs racines, détruisent leurs voisins, et ne doivent être plantés qu'au bord des eaux.

2ᵐᵉ *Fraction.* — **CUPULIFÈRES.**

Monoïques.

1ʳᵉ *Famille.* CHÊNE. *Quercus*, *T.* Cupule ligneuse, n'entourant que la base du fruit, gland.

1. C. sessiliflore. Q. *sessiliflora*, *S.* Vulg. Chêne femelle. F. pétiolées, pédoncule très-court. CCC.

2. C. pédonculé. Q. *pedunculata*, *E.* Chêne mâle. Long pédoncule et court pétiole. Moins C.

3. C. vulgaire. Q. *vulgaris*. A f. glabre et court pédoncule. CC.

4. C. lanugineux. Q. *lanuginosa*, *Lam.* Q. *cerris*, *L.* Cupule épineuse. R.

2ᵐᵉ — HÊTRE. *Fagus*, *T.* Fruit, faîne. Cupule épineuse, velue en dedans, renfermant les fruits, à trois angles.

H. ordinaire. F. *sylvatica*, *L.* G. arbre à tronc lisse grisâtre, à f. ovales, luisantes, acides. CCC.

Les faînes sont nourrissantes et fournissent de l'huile par la compression.

3me — **CHATAIGNIER**. *Castanea, T.* Cupule coriace, épineuse, renfermant les fruits, châtaignes.

C. VULGAIRE. *C. vulgaris, Lam. Fagus —, L.* F. lancéolées, longues, très-dentées. C.
La variété cultivée donne de grosses châtaignes.

———

4me — **NOISETIER**. *Corylus, T.* Cupule foliacée renfermant aux deux tiers le péricarpe ligneux qui contient l'amande.

N. AVELINE. *C. avellana, L.* Deux variétés cultivées. CCC.

———

5me — **CHARME**. *Carpinus, L.* Cupule foliacée, membraneuse; péricarpe ligneux, trilobé.

C. DES HAIES. *C. sepium, Lam. C. betulus, L.* F. ovales dentées. CCC.

———

3me *Fraction.* — **MYRICÉES**.

Squamules formant cupule. F. sec, bacciforme.

Famille. GALÉ. *Myrica, L.* Arbrisseau aromatique à f., écailles et fruits parsemés de points résineux.

G. ou PIMENT AQUATIQUE. *Myrica gale, L.* Chatons avant les f. Assez C. Marais au nord du dép^t des Ardennes.

En faisant bouillir les baies concassées, on obtient, par le refroidissement, une espèce de résine ou cire aromatique.

———

On plante : le NOYER, *Juglans regia, L.* CCC. Les PLATANES D'ORIENT et D'OCCIDENT, qui réussissent assez bien.

———

3ᵐᵉ Tribu. — DICOTYLÉDONS AQUATIQUES.

Sans calice.

1ʳᵉ *Famille.* CALLITRIC. *Callitriche*, *L.* Fruit capsulaire membraneux à quatre coques.

1. C. STAGNALE. C. *stagnalis*, *S*. F. obovales par paires. C. Les eaux.

2. C. PLATY-CARPE. C. *platycarpa*, *K.* Style persistant. C.

3. C. DU PRINTEMPS. C. *vernalis*, *K.* F. formant rosette sur l'eau. C.

4. C. D'AUTOMNE. C. *autumnalis*, *L.* F. oblongues bifides. C. dans les eaux.

2ᵐᵉ — CORNIFLE. *Ceratophyllum*, *L.* Monoïque F. coriace, un sperme, f. verticillées.

1. C. APRE. C. *asperum*, *Lam.* F. à segments linéaires piquants. Assez C. Les eaux.

2. C. DOUX. C. *lavæ*, *Lam.* F. plus divisées et moins rudes. R.

2ᵐᵉ SECTION. — *Calice sans corolle.*

1ʳᵉ Tribu. — URTICÉES.

Fleurs verdâtres en glomérules.

1ʳᵉ *Famille.* ORTIE. *Urtica*, *T.* Hérissées de poils brûlants.

1. O. DIOIQUE. U. *dioica*, *L.* F. en grappes pendantes. CCC. Cette plante est nourrissante.

2. O. BRULANTE. U. *urens*, *L.* ◉ Grappes courtes, petites. CCC.

2ᵐᵉ—PARIÉTAIRE. *Parietaria, T.* F. polygames en glomérules nombreux à l'origine des pétioles.

1. P. DRESSÉE. P. *erecta*, **M**. F. lancéolées. C. vieux murs.

2. P. DIFFUSE. P. *diffusa*, **M**. F. ovales, rudes. C. P. nitreuse.
En décoction, boisson diurétique dans l'ascite.

———

3ᵐᵉ — HOUBLON. *Humulus*, *L. Lupulus, T.* Dioïque. Les mâles en grappes, les fem. en glomérules. Volubile, âpre.

H. GRIMPANT. H. *lupulus*, *L.* C. dans les haies. Cultivé pour faire de la bière.

Le CHANVRE, *Cannabis sativa, L.*, est généralement cultivé.

═══

2ᵐᵉ Tribu. — ULMACÉES.

Fruit, samare, largement membraneux dans sa circonférence. Arbre. Un sperme.

———

Famille. ORME. *Ulmus, T.* F. petites en fascicules latéraux paraissant avant les feuilles. Samare échancré.

1. O. COMMUN. U. *campestris*, *L.* Feuilles ovales rudes. CCC.

2. O. SUBÉREUX. U. *suberosa*, *E.* Arbre peu élevé, à écorce boursoufflée longitudinalement. C. dans les haies, etc.

3. O. NU. U. *nuda*, *K.* F. amples, incisées, trilobées au sommet. R., mais souvent planté.

4. O. DIFFUS. U. *effusa*, **W**. Long pédicelle cilié. Aussi planté.

On plante beaucoup le MURIER NOIR; moins le MURIER BLANC, *Morus nigra*, *M.* — *alba*, *L.*; et aussi le Figuier, *Ficus carica, L.;* plus rarement le Murier a papier, *Morus dioica, L.*

3me Tribu. — ATRIPLICEES, J. CHENOPODÉES.

Fruit déprimé, enveloppé dans le calice induré. F. en glomérules nombreux, herbacés.

1re *Famille*. ANSÉRINE. *Chenopodium, T.* Calice et f. en glomérules herbacés.

1. A. bon Henri. C. *bonus Henricus, L.* C. *sagittatum, Lam.* F. triangulaires sagittées. CCC. Près les habitations.

2. A. polysperme. C. *polyspermum, L.* F. ovales. CCC. Lieux cultivés.

3. A. vulvaire. C. *vulvaria, L.* F. farineuses, fétides. CC. Les décombres.

4. A. blanche. C. *album, L.* F. supérieures lancéolées, blanches en dessous. C. Habitations.

5. A. verdatre. C. *viride, L.* F. rhomboïdales. C. Décombres.

6. A. hybride. C. *hybridum, L.* F. cordées à 3 à 4 larges dents de chaque côté. C. Les vignes.

7. A. des murs. C. *murale, L.* F. luisantes en dessus, à larges dentelures. Glomérules terminaux. C. Les murs.

8. A. deltoïde. C. *urbicum, L* F. deltoïdes, glabres. R.

9. A. rouge. C. *rubrum, L.* F. bordées de rouge. R.

10. A. lancéolée. C. *lanceolatum, W.* Tige rayée de vert et de blanc. R.

11. A. paniculée. C. *paniculatum, S.* Tige chargée de volumineux glomérules. RR.

12. A. A ÉPIS. C. *spicatum*, *M*. Grappes spiciformes terminales. R.

13. A. CYMAUSE. C. *cymosum*, *L*. Grappes dichotomes. C.

14. A. GLAUQUE. C. *glaucum*, *L*. F. obtuses
glauques. R.

———

2ᵐᵉ — ARROCHE. *Atriplex*, *T*. Polygames et
monoïques. F. femelles 2-sépales qui, à la maturité, servent de valves à la semence.

1. A. HASTÉE. A. *hastata*, *L*. ● F. larges, triangulaires, hastées. C. Décombres.

2. A. ÉTALÉE. A. *patula*, *L*. F. supérieures lancéolées, linéaires. Assez C. Lieux incultes. ●

3. A. DES JARDINS. A. *hortensis*, *L*. A. *hetero-
sperma*, *S*. ● F. glauque, calice fructifère membraneux. C. dans les jardins.

4. A. ROUGE. A. *rubra*. Tige rougeâtre, f.
moins glauques. RR.

5. A. MICROSPERME. A. *microsperma*, *D*. Glomérules très-petits. RR.

6. A. MICROCARPE. A. *microcarpa*, *K*. Calice
fructifère à très-petites valves. R.

Dans les jardins :
La BETTE ORDINAIRE. *Beta vulgaris*, *L*. Tolérée.
— CARDE. B. *cicla*, *W*. Blanche à f. larges.
— RAVE. B. *rapacea*. Jaune et rouge,
grosse et petite. La grosse assez souvent, mainte-
nant, en grand dans les champs, et constitue une
amélioration agricole et une fortune industrielle.
Les ÉPINARDS, *Spinacia*, *T*. EPINARD DE HOL-
LANDE ou à f. ovales, S. *inermis* ; ou EPINARD
D'HIVER, S. *spinosa*, à f. triangulaires dentées.

3ᵉ — **AMARANTHE.** *Amaranthus, L.* Graine réniforme; f. à 3 bractées.

1. **A. BLITE. A.** *blitum, L.* ◉ F. ovales, rhomboidales, obtuses. C. Pied des murs.

2. **A. A ÉPI. A.** *spicatus, Lam.* A. *viride, L.* Épis blanchâtres. R. Les champs.

3. **A. COUCHÉE. A.** *prostratus, B.* Tige pubescente en haut.

Dans les jardins :

L'AMARANTHE QUEUE DE RENARD. A. *caudatus, L.* ❀

— SANGUINE. A. *sanguineus, L.* ◉

4ᵐᵉ — **POLYCNÈME.** *Polycnemum, L.* ◉ F. à deux bractées.

P. DES CHAMPS. P. *arvense, L.* F. linéaires subulées. R. Sables calcaires.

3ᵐᵉ Tribu. — POLYGONÉES.

Stipule membraneuse vaginale à l'origine des feuilles. Graine 3-gones.

1ʳᵉ *Famille.* **RENOUÉE.** *Polygonum, L.* Calice monosepale ord. coloré.

1. **R. AMPHIBIE.** P. *amphibium, L.* 5 étamines saillantes hors du calice. C. Les eaux.

2. **R. A F. DE PATIENCE.** P. *lapathifolium, L.* ◉ 6 étamines incluses ; épis oblongs, serrés, verdâtres. C. Bords des eaux.

3. **R. BLANCHATRE.** P. *incanum.* F. blanches en dessous. R.

4. **R. NOUEUSE.** P. *nodosum, P.* Nœuds trèsrenflés. R.

5. R. PERSICAIRE. P. *persicaria*, *L.* Gaînes ciliées, épis oblongs rosés. C. Bords des étangs.

6. R. POIVRE D'EAU. P. *hydropiper*, *L.* Calice à
points glanduleux. CC. Marais.

7. R. DOUCE. P. *mite*, *S.* Epis filiformes inter-
rompus. R.

8. R. BISTORTE. P. *bistorta*, *L.* Epi solitaire
ovoïde, rose. R. Bois marécageux.
La racine, contournée, est très-astringente.

9. R. LISERON. P. *convolvulus*, *L.* Tige volubile,
anguleuse, striée. C. Bords des chemins.

10. R. DES HAIES. P. *dumetorum*, *L.* Tige grêle,
longue, volubile et cylindrique. RR.

11. R. FLUETTE. P. *pusillum*, *Lam.* P. *minus*, *H.*
F. linéaires, épi filiforme. R. Sables humides.

12. R. REDRESSÉE. P. *erectum*, *G.* Tige solitaire
rameuse. C. Les jardins.

13. R. DES OISEAUX. P. *aviculare*, *L.* P. *centi-
nodium*, *Lam.* Tiges nombreuses, traînantes, rameuses, feuillées. CCC.

14. R. A F. LARGES. P. *latifolium*, *T.* Tiges aussi
traînantes. C.

On cultive le SARRASIN ORDINAIRE, P. *fagopyrum*, *L.*, et on connaît peu le S. DE TARTARIE,
P. *Tataricum*.

2ᵐᵉ — RUMICE. *Rumex*, *L.* PATIENCE. *Lapathum*, *T.* Calice à six sépales, trois extérieurs et
trois intérieurs, herbacés.

1. R. ACETOSELLE. R. *acetosella*, *L.* Petite oseille.
F. à oreillettes divergentes. CCC.

2. R. A. *angustifolius*, *K.* Petite oseille à f.
étroites. C. sur les sables.

3. R. oseille. R. *acetosa, L.* F. à oreillettes parallèles. Dioïque. CCC. Cultivée partout.

4. R. frisée. R. *crispus, L.* F. ondulées crépues. CCC.

5. R. a f. obtuses. R. *obtusifolius, L.* F. inf^res larges, cordées ; les sup^res oblongues atténuées. CC. Les champs.

6. R. des bois. R. *nemorosus, S.* Tige anguleuse; f. lancéolées. C. Les bois humides.

7. R. sanguin. R. *sanguineus, L.* Tige, pétioles et nervures rouges. R. mais C. dans les jardins.

8. R. maritime. R. *maritimus, L.* *Lapathum minus, Lam.* Fleurs nombreuses, verticillées ; f. linéaires. RR. Ile des grandes rivières.

9. R. commun. R. *conglomeratus, M.* Faux verticille multiflore, en panicule courte. CCC.

10. R. glauque. R. *glaucus, J.* F. triangulaires rétrécies en forme de violon. C. Carrières calcaires.

11. R. aquatique. R. *aquaticus, D.* Grande patience ou parelle, à grandes feuilles atténuées aux deux extrémités. R. Bords des étangs.

12. R. des marais. R. *palustris, S.* F. lancéolées atténuées en pétiole.

On cultive dans les jardins :
La Grande Patience, R. *patientia, L.*
La Rhubarbe des moines. *Rheum rhapeuticum.*
Toutes deux purgatives; mais la Rhubarbe des moines peut être mangée en guise d'oseille, et constituer ainsi un laxatif agréable. D'ailleurs, sa racine vaut celle des Rhubarbes exotiques.

Les Anglais cultivent en grand la rhubarbe pour en manger les pétioles en guise de pommes cuites. Ils en font des tartes.

4ᵐᵉ Tribu. — PIMPRENELLÉES.

Calice gamosépale en tube.

1ʳᵉ *Famille.* SANGUISORBE. *Sanguisorba*, *T.*
Calice à quatre divisions, quatre étamines, un style.

S. OFFICINALE. S. *officinalis*, *L.* Epi ovale rougeâtre. CC. Prés secs. Bon fourrage.

2ᵐᵉ — PIMPRENELLE. *Pimpinella*, *T*. *Poterium*, *L.* Fleurs monoïques ou polygames, étamines 20 à 30 ; styles 2.

P. MINEURE. P. *sanguisorba*, Epi en tête ovoïde, rougeâtre, comme l'officinale. CC. Prés secs.

3ᵐᵉ — THÉSION. *Thesium*, *L.* Calice à sépales s'enroulant en dedans après la floraison.

T. LINOPHYLLE. T. *linophyllum*, *L.* F. linéaires, f. pédonculées verdâtres. R. Prés secs.
Var. à tige couchée. T. *humifurum*, *D.*

4ᵐᵉ — ALCHEMILLE. *Alchemilla*, *T.* Calice 8 divisions.

1. A. VULGAIRE. A. *vulgaris*, *L.* F. en cîmes corymbiformes. RR. Prés secs.

2. A. DES CHAMPS. A. *arvensis*, *S.* F. en fascicules sessiles. C. Les champs.

5ᵐᵉ — PESSE. *Hippuris*, *L.* Aquatique. F. très-petites, blanchâtres.

1. P. COMMUNE. H. *vulgaris*, *L.* F. verticillées, linéaires, sessiles. R. Bords des étangs.

2. P. FLUVIATILE. H. *fluviatilis*. Tige submergée, f. membraneuses. R. Eaux courantes.

6ᵐᵉ — PASSERINE. *Passerina*, *L.* Calice persistant, 8 étamines.

P. THYMÉLÉE. *Stellera passerina, L.* F. petites d'un blanc jaunâtre, axillaires. CC. Plaines crayeuses.

7ᵐᵉ — LAURÉOLE. *Daphne, L.* Sous-arbrisseau. Baie rouge.

L. ROSE. D. *mezereum. L.* Garou. Bois-gentil. F. en fascicules. CC. Les bois.

Les baies sont un poison caustique. L'écorce trempée dans le vinaigre est escarotique.

5ᵐᵉ Tribu. — ARISTOLOCHIÉES.

Calice monophylle, coloré.

1ʳᵉ *Famille.* ARISTOLOCHE. *Aristolochia, T.* Calice prolongé en une languette unilatérale.

A. CLÉMATITE. A. *clematitis, T.* F. jaunes à longue languette. C.

2ᵐᵉ — CABARET. *Asarum, T.* F. campanulées. rouge-noirâtre en dedans; capsule coriace.

C. D'EUROPE. A. *Europæum, L.* F. d'apparence radicales, un peu coriaces, réniformes. C. Bois couverts. Racine émétique.

6ᵐᵉ Tribu. — EUPHORBIACÉES.

1ʳᵉ *Famille.* EUPHORBE. *Euphorbia, L. Tithymalus, T.* Involucre caliciforme, monophylle, en ombelle, muni à la base d'un verticille de f. florales, en forme d'involucre. Plante à suc laiteux âcre. Tige feuillée.

1. E. CYPARISSE. E. *cyparissias. L.* F. linéaires, celles des rameaux stériles, sétacées. CCC.

2. E. FLUETTE. E. *exigua, L.* F. toutes linéaires, éparses. CCC. Les champs.

3. E. A F. RONDES. E. *peplus*, *L*. F. et bractées ovales. CCC. Jardins.

4. E. ÉPURGE. E. *lathiris*, *L*. T. élevée, f. glauques en dessous. C. Les jardins. Capsules émétocathartiques.

5. E. RÉVEIL-MATIN. E. *helioscopia*, *L*. F. cunéiformes, celles de l'involucre plus grandes. CC.

6. E. DES BOIS. E. *sylvatica*, *L*. Deux bractées soudées en plateaux perfoliés. CCC.

7. E. GÉRARDINE. E. *gerardiana*, *J*. F. linéaires, ombelles à rameaux nombreux. Pas R.

8. E. DES MARAIS. E. *palustris*, *L*. Tige élevée ; f. et bractées oblongues, atténuées à la base. R.

9. E. A F. LARGES. E. *platyphylla*, *L*. Bractées triangulaires, ovales, mucronées. Pas C.

10. E. VERRUQUEUSE. E. *verrucosa*, *L*. Capsules à tubercules cylindriques. R.

11. E. DOUX. E. *dulcis*, *L*. Tige feuillée ; f. obtuses, poilues en dessous. RR. Bois.

12. E. STRICTE. E. *stricta*, *L*. E. *serratula*, *Th*. F. sessiles, oblongues, cordées. RR.

13. E. A F. DE LIN. E. *esula*, *L*. F. linéaires, mucronées, glauques. RR.

2ᵐᵉ — MERCURIALE. *Mercurialis*, *T*. Dioïque. Fleurs, les mâles en épi, les femelles fasciculées ou solitaires.

1. M. ANNUELLE. M. *annua*, *L*. Fleurs fem. sessiles. CCC. Les jardins.

2. M. VIVACE. M. *perennis*, *L*. F. fem. pédonculées. C. Bois. Laxative en lavement.

3ᵐᵉ — BUIS. *Buxus*, *T*. Monoïque. Les mâles,

4 sépales sur 2 rangs, à écaille bilobée, 4 étamines ;
fem., 3 styles, 3 bractées.

B. TOUJOURS VERT. B. *sempervirens, L.* Arbrisseau. F. jaunâtres en glomérules. Capsule jaunâtre.
RR. spontané. CCC. partout.

Le buis passe pour sudorifique. Son bois, dur,
est très-employé.

2ᵐᵉ Division. — FLEURS PÉTALÉES,
POLYPÉTALES.

Fleurs pourvues d'un calice et de pétales
constituant une corolle.

1ʳᵉ SUBDIVISION.

Pétales insérés sur le calice.

1ʳᵉ SECTION.—*Ovaire soudé avec le calice.*

1ʳᵉ Tribu. — SAXIFRAGÉES.

Petite plante charnue, succulente, à 5 sépales,
5 pétales et 10 étamines.

1ʳᵉ *Famille.* SAXIFRAGE. *Saxifraga*, L. F.
blanches en cîmes irrégulières.

1. S. PERCE-PIERRE. S. *tridactylites, L.* ⊙ F. en
rosette, atténuées en pétiole spatulé. CC. Les murs.

2. S. GRANULÉE. S. *granulata, L.* F. assez
grandes en corymbe. Pauciflore. CC. Bords des
bois.

Dans les parterres :
Les SAXIFRAGES A F. GRASSES. S. *crassifolia ;*
S. OMBRAGÉ, S. *umbrosa, L.* en bordures, à f

presque cartilagineuses ; S. PYRAMIDALE, S. *pyramidalis*, *L*., etc.

2me — DORINE. *Chrysosplenium*, *T*. À f. florales jaunes.

1. D. A F. OPPOSÉES. C. *oppositifolium*, *L*. A f. orbiculaires tronquées à la base. RR. Sur les roches baignées.

2. D. A F. ALTERNES. C. *alternifolium*, *L*. F. réniformes, les radicales à longs pétioles. RRR.

2me Tribu. — ÉPILOBIÉES.

Calice à limbe 4-partite et à long tube.

1re *Famille*. EPILOBE. *Epilobium*, *L*. Calice allongé, tétragone. 4 pétales roses ; stigmates 4, étalés ou soudés.

1. E. VELU. E. *hirsutum*, *L*. Grandes fleurs ; f. blanchâtres, dentées. CCC. Bords des ruisseaux.

2. E. A PETITES FLEURS. E. *parviflorum*, *S*. E. *molle*, *Lam*. F. molles et pubescentes. CCC. Marais.

3. E. DE MONTAGNE. E. *montanum*, *L*. F. glabres subsessiles. CCC. Bois.

4. E. DES COLLINES. E. *collium*, *K*. ♂. Tige grêle, souvent rameuse. RR.

5. E. A ÉPI. E. *spicatum*, *Lam*. Tige élevée, rougeâtre ; f. lancéolées. CC.

6. E. TÉTRAGONE. E. *tetragonum*, *L*. Tige tétragone à la base. R.

7. E. FLEXIBLE. E. *virgatum*, *F*. E. *obscurum*, *R*. Deux lignes saillantes à la tige. RR.

8. E. ROSE. E. *roseum*, *S*. F. aiguës aux deux extrémités. RR.

9. E. VERTICILLÉ. E. *verticillatum*, F. inf^res verticillées par trois. RRR.

2me *Famille*. ONAGRE. *OEnothera*, *L.* *Onagra*, *T.* Calice allongé, cylindrique.

O. BISANNUELLE. OE. *biennis*, *L.* F. grandes, jaunes, à pétales emmarginés. R. Juillet. Bois sablonneux.

Dans les parterres :
L'ONAGRE ODORANT. OE. *suaveolens*, *D.*

3me — CIRCÉE. *Circœa*, *T.* Calice bipartite, pétales 2, bifides, 2 étamines.

C. PARISIENNE. C. *luteliana*, *T.* F. blanches striées de rouge. Pas R. Bois ombragés.

4me — VOLANT-D'EAU. *Myriophyllum*, *V.* Submergée. Fleurs et f. verticillées, monoïques. Stigmate persistant.

1. V. VERTICILLÉ. M. *verticillatum*, *L.* Fleurs verticillées dépassées par les f. florales. C. Marais.

2. V. PECTINÉ. M. *pectinatum*, *D.* F. florales à segments rapprochés. C. Marais.

5. V. A ÉPI. M. *spicatum*, *L.* F. en épi terminal à bractées squamiformes. Assez C. Eaux dormantes.

4. V. A FLEURS ALTERNES. M. *alterniflorum*, *D.* Epi courbé. RRR. Eaux dormantes.

5me — MACRE. *Trapa*, *L.* Fruit ligneux à quatre épines, contenant l'amande farineuse.

M. FLOTTANTE. T. *natans*, *L.* F. sup^res rhomboïdales, en rosette nageante. C. Les étangs.

3ᵐᵉ Tribu. — OMBELLIFÈRES.

Fleurs disposées en ombelle ord. pourvue d'involucre, et les ombelles subdivisées en ombellules
pourvues d'involucelles constituant des collerettes.

1ʳᵉ *Fraction.*

Ombelles ou ombellules à fleurs sessiles.

1ʳᵉ *Famille.* GOBELET D'EAU. *Hydrocotyle, T.*
Ombelle simple. Aquatique. Tige grêle.

G. VULGAIRE. H. *vulgaris, L.* Tige stoloniforme
blanchâtre, fleurs blanches par verticille de 4 à 6.
Pas R. Marais.

2ᵐᵉ — SANICLE. *Sanicula, T.* Ombelles composées, en capitules.

S. D'EUROPE. S. *Europœa, T.* Feuilles en rosette
radicale, luisantes. C. Les bois couverts.

3ᵐᵉ — PANICAUT. *Eryngium, T.* Capitule multiflore, globuleux, entouré d'un involucre foliacé
très-épineux.

P. DES CHAMPS. E. *campestre, L.* Chardon roulant. CCC.

2ᵐᵉ *Fraction.*

Sans collerettes.

1ʳᵉ *Famille.* BOUCAGE. *Pimpinella, L.* Cinq
pétales blancs courbés en cœur au sommet.

1. B. ANGÉLIQUE. *Tragoselinum angelica, Lam.*
Ægopodium podagraria , L. Calice sans limbe.
Fausse Angélique. RR.

2. B. MAJEURE. P. *magna, L.* Tige élevée, anguleuse, sillonnée. Assez C. Bois.

3. B. **saxifrage**. P. *saxifraga*, L. Tige cylindrique, f. pinnatiséquées. C. Prés secs.

4. B. **disséqué**. P. *dissecta*, R. F. presque noires, à segments arqués. R.

Dans les jardins : l'**Anis**, P. *Anisum*, à f. jaunes.

***

2me—FENOUIL. *Anethum, T.* F. deux ou quatre fois pinnatiséquées.

1. F. **vulgaire**. A. *graveolens*, L. *Fœniculum vulgare, G.* Tige solitaire glaucescente. R. Bords des vignes.

2. F. **officinal**. A. *fœniculum*, L. Tige élevée, f. à segments filiformes. Assez C. dans les jardins.
Usitée, sous le nom d'Anis, comme carminative.

Le **Céleri**, *apium graveolens*, L., est cultivé.

***

3me — PANAIS. *Pastinaca, T.* A ombelle terminale dépassée par les latérales.

P. **cultivé**. P. *sativa*, L. Segments ovales, F. jaunes. ♂. CCC.

***

3me *Fraction.*

A involucelles seulement.

1re *Famille.* ETHUSE. *Æthusa, L.* F. bitripinnatiséquées.

1. E. **persillée**. Æ. *cynapium*, L. *Cicuta minor, T.* F. blanches. C. les jardins, etc.

2. E. **des champs**. Æ. *sylvestris, G.* Tige élevée. RR.

3. E. **petite**. Æ. *pygmea, K.* C. Les champs arides.
Poison narcotico-âcre. Elle tue les lapins, les chèvres.

2me — OENANTHE. *OEnanthe, Lam.* Calice à cinq dents s'accroissant après la floraison ; fleurs blanches.

1. OE. FISTULEUSE. OE. *fistulosa, L.* Ombelles à longs pédoncules ; f. inf^{res} 3-pinnées, sup^{res} bi et pinnées. C. Bords des étangs.

2. OE. LACHENALE. OE. *lachenalii, G.* F. inf^{res} à segments cunéiformes, pétales égaux. CC. Prés tourbeux.

3. OE. PHELLANDRIE. OE. *phellandrium, Lam.* F. à segments divariqués, ombelles 10 à 12 rayons courts. C. Les étangs, ruisseaux.

4. OE. FILIPENDULOIDE. OE. *filipenduloides, Th.* Feuilles sup^{res} simplement ailées, ombelles 7 à 10 rayons. RR.

Tous les OEnanthes sont des poisons àcres ; mais, à l'état sec, les bestiaux en mangent sans en être incommodés.

3me — SESELI. *Seseli, L.* Involucelles membraneux aux bords.

1. S. DES MONTAGNES. S. *montanum, L.* Involucelles plus courts que les fleurs blanches. C. Collines crayeuses.

2. S. ANNUELLE. S. *annua, L.* Involucelles plus longs que les fleurs. RR. Bois.

4me — SILAS. *Silaus, B.* F. bi-quadripinnatiséquées. Fleurs jaunes.

S. DES PRÉS. S. *pratensis, B. Peucedanum — L.* F. sup^{res} réduites à la gaîne. CCC.

5me — SELIN. *Selinum, H.* Tige à angles saillants.

S. à feuilles de carvi. S. *carvifolia*, *H*. F. à lobes linéaires mucronés. RR.

La Livèche, *Ligusticum off.*, *K*., est subspontanée.

———

6ᵐᵉ — ANGÉLIQUE. *Angelica*, *L*. F. à segments ovales larges, lisses.

A. sauvage. A. *sylvestris*, *L*. Tige élevée ; ombelle ample, blanc-rosé. CC. Les bois, marais.

L'Angélique des jardins, *Angelica archangelica*, assez C., dont la racine sert à aromatiser les liqueurs.

———

7ᵐᵉ — BERCE. *Heracleum*, *L*. Pétales bifides, blancs. F. amples, pinnées, épaisses.

B. branc-ursine. H. *spondylium*. Tige élevée, très-grosse, sillonnée, hérissée. CCC. Vergers.

———

8ᵐᵉ — CAUCALIDE. *Caucalis*, *T*. Ombelles à trois rayons sillonnés. Fruit à côtes et à épines.

C. daucoïde. C. *daucoides*, *L*. Involucelles à folioles inégales ciliées. Assez C. Moisson.

———

9ᵐᵉ — ANTHRISQUE. *Anthriscus, Scandix, L*. Fruit épineux. F. blanches ; f. tripinnées.

A. vulgaire. A. *vulgaris*, *P*., *S*.. *A*., *L*. ◉ F. à gaînes poilues. CC. Les haies. Mai.

———

10ᵐᵉ — CERFEUIL. *Chærophyllum*, *T*. Involucelle à folioles ciliées.

1. C. enivrant. C. *temulum*, *L*. Tige tachetée de rouge-brun. CC. Bois.

2. C. sauvage. C. *sylvestre*, *L*. Involucelle 5 folioles ciliées, réfléchies. CC. Vergers.

3. C. CULTIVÉ. C. *sativum*, *Lam*. Ombelle sessile, 2 ou 3 folioles à l'involucelle.

Recherché pour la salade et les assaisonnements.

On cultive le CERFEUIL MUSQUÉ. C. *odoratum*, *Lam*.

11me — SCANDIX. *Scandix*, *S*. Fruit à bec 4 fois aussi long que la graine.

S. PEIGNE DE VÉNUS. S. *pecten Veneris*, *L*. Ombelle à 1 ou 3 gros rayons courts. CCC. Moissons.

La CORIANDRE, *Coriandrum*, *T*., peu cultivée, a été rencontrée probablement subspontanée. Ses semences servent aux confiseurs.

4me *Fraction*.

Ombelles et ombellules munies d'involucre et d'involucelle.

1re *Famille*. CIGUE. *Conium*, *L*. *Cicuta*, *T*. Involucre et involucelle à 3 ou 5 folioles. Fleurs blanches.

C. MACULÉE. C. *maculatnm*, *L*. Tige élevée, maculée, violacée, verte. CCC. Les habitations rurales.

Poison enivrant, employé à l'extérieur pour résoudre les tumeurs squirrheuses.

2me — TORILE. *Torilis*, *Ad*. Tige et rameaux couverts de poils apprimés dirigés de haut en bas.

1. T. ANTHRISQUE. T. *anthriscus*, *G*. Inv. à plusieurs folioles linéaires. F. blanches. CC. Haies.

2. T. INFESTE. T. *infesta*, *D*. *Scandix* —, *L*. Inv. à folioles courtes scarieuses. CCC.

3. T. NOUEUX. T. *nodosa*, *G*. Ombelles presque sessiles dépassées par les feuilles. RR.

3me — TURGENIE. *Turgenia, H.* Fruits gros, à épines scabres.

T. A LARGES FEUILLES. T. *latifolia, H.* Collerettes à folioles scarieuses. Pas R. Moissons.

4me — ORLAYE. *Orlaya, H.* Fleurs extérieures à pétales rayonnants très-amples, blancs.

O. A GRANDES FLEURS. O. *grandiflora, H.* Fleurs extérieures à un grand pétale bifide. CCC.

5me — CAROTTE. *Daucus, T.* F. blanches ou rosées, la centrale pourpre.

1. C. COMMUNE. D. *carota, L.* Collerettes à folioles triséquées ou entières. CCC. partout.

2. C. NAINE. D. *pusillus.* A f. presque toutes purpurines. RR.

La CAROTTE CULTIVÉE est le véritable *Daucus carota*, susceptible de reprendre sa forme sauvage par l'effet de la fécondation, etc.

6me — LASER. *Laserpitium, T.* Ombelles très-amples à rayons nombreux, scabres au côté interne. F. blanches.

L. A LARGES FEUILLES. L. *latifolium, L.* F. tronquées en cœur. RR.

7me — TORDYLE. *Tordylium, T.* Ombelles à rayons inégaux poilus. F. blanches.

T. MAJEURE. T. *maximum, T.* Tige scabre hispidée. RR.

8me — PEUCÉDANE. *Peucedanum, K.* Pétales infléchis à la pointe, émarginés.

1. P. OFFICINAL. P. *officinale, Th.* F. blanches; f. à segments linéaires. R.

2. P. DE CHABRAI. P. *Chabræi*, *R*. F. d'un blanc verdâtre ou jaunâtre. R. Marais.

5. P. DES CERFS. P. *cervaria*, *H*. F. à segments coriaces, glauque en dessous. C. Quelques bois.

4. P. DES MARAIS. P. *palustre*, *M*. Collerettes à folioles membraneuses. Assez C.

5. P. ORÉOSÉLINE. P. *oreoselinum*, *M*. F. à seg-ments verts en dessous. RR.

9ᵐᵉ — BERLE. *Sium*, *T*. Aquatique. F. pinna-tiséquées; f. blanches.

1. B. NODIFLORE. S. *nodiflorum*, *L*. F. pétiolées dépassant les ombelles presque sessiles. CC. Ruis-seaux.

2. B. A F. ÉTROITES. S. *angustifolium*, *L*. *Berula —*, *K*. Involucre à folioles incisées. CC. Fos-sés d'eau.

5. B. A F. LARGES. S. *latifolium*, *L*. Collerettes à folioles linéaires. Pas C. Marais.

4. B. RAMPANTE. S. *repens*, *J*. F. à segments ovales dentées. RR.

5. B. INONDÉE. S. *inundatum*, *Lam*. F. infʳᵉˢ dé-coupées, capillaires. RR.

6. B. FAUCILLAIRE. S. *falcaria*, *L*. F. presque cartilagineuses. RRR.

7. B. AROMATIQUE. S. *aromaticum*, *Lam*. Pétales bifides. RR.

Ses racines et ses semences sont aromatiques.

10ᵐᵉ — AMMI MAJUS, T. Involucre à folioles triséquées. f. blanches. CC.

11ᵐᵉ — TRINIE. *Trinia vulgaris*, *D*. *Pimpi-*

nella dioïca, H. F. dioïques, collerette à peu près nulle. RR.

12ᵐᵉ — LIBANOTE. *Libanotis montana, A*. Calice à dents allongées, caduc. R. Terre calcaire.

13ᵐᵉ — *CONOPODIUM DENUDATUM, K*. Involucelle à 2 ou 3 folioles. *Bunium —, D*. RR.

14ᵐᵉ — CARUM. *Carum, K*. Calice presque nul, collerettes peu de folioles. F. blanches.

1. C. TERRE-NOIX. C. *bulbocastanum, K. Bunium, L*. Collerette à folioles linéaires acuminées. Racine tuberculeuse et mangeable. CCC.

2. C. CARVI, — *L*. Racine fusiforme. Ombelle à rayons inégaux. R. Prés. Cultivé dans les jardins.

3. C. VERTICILLÉ. C. *verticillatum, K*. Segments découpés en verticille. RR.

15ᵐᵉ — BUPLEVRE. *Buplevrum, T*. F. réduites au pétiole, coriace, membraneux aux bords. F. jaunes.

1. B. FAUCILLIER. B. *Falcatum, L*. Involucelle à folioles cuspidées. CCC.

2. B. PERFOLIÉ. B. *perfoliatum, Lam*. ⊛ Involucelle foliacé. Pas R. Moissons.

3. B. MENU. B. *tenuissimum, L*. Involucelle à folioles linéaires. R. Lieux secs.

4me Tribu. — BACCIFÈRES PÉTALÉES.

A ovaire soudé avec le calice. Hédéracées. Loranthées. Grossulariées.

———

1re *Famille*. LIERRE. *Hedera*, *T*. Arbrisseau sarmenteux grimpant.

1. L. GRIMPANT. H. *helix*, *L*. F. coriaces persistantes ; baies coriaces, noires. CCC. Après les murs, les arbres.

2. L. STÉRILE. H. *sterilis*, *H*. Tige grêle rampant sur la terre. CC. Les bois ombragés.

———

2me — GUI. *Viscum*, *T*. Plante ligneuse en touffe verte sur les pommiers, peupliers, etc. Parasite.

G. BLANC. V. *Album*, *L*. Dioïque. F. mâles vertes, fem. jaunes ; baies blanches. CCC.

On se sert des feuilles de lierre pour les exutoires.

Le bois, de la racine surtout, sert à ôter le morfil des tranchants. La décoction des feuilles noircit les cheveux. On met les feuilles dans la lessive pour enlever les taches d'encre et de fruits.

L'écorce de gui pilée et lavée forme la glu. Les oiseaux se nourrissent des baies comme de celles du lierre.

———

3me — CORNOUILLER. *Cornus*, *T*. Petits arbres touffus, à fruit drupacé, noir ou rouge.

1. C. SANGUIN. C. *sanguinea*, *L*. Branches rougeâtres, f. blanches, fruit noir. CC. Les bois, les haies.

2 C. MALE. C. *mas*. *L*. F. jaunes avant les

feuilles. F. rouge. R. Les bois. Cultivé pour son fruit.

4ᵐᵒ — GROSEILLER. *Grossularia, T. Ribes. L.* Arbrisseaux rameux; touffus.

1. G. ÉPINEUX. R. *spinosus, Lam.* R. *Uva crispa, L.* Arbustes touffus, épineux, à fruit vert rougeâtre ou blanc jaunâtre, globuleux, sucrés. CCC.

2. G. ROUGE. R. *rubrum, L.* Très-cultivé. R. dans les bois.

3. G. BLANC. R. *album.* Cultivé dans les jardins et vignes. Fruit plus sucré.

4. G. NOIR. R. *nigrum.* Cassis. Cultivé. R. spontané.

On cultive beaucoup d'espèces exotiques, dont la liste varie chaque année.

5ᵐᵉ Tribu. — POMACÉES, J.

Rosacées, à ovaire soudé avec le calice. Arbres et arbrisseaux.

1ʳᵉ *Fraction.*

Fruit pulpeux à plurinoyaux.

1ʳᵉ *Famille.* NÉFLIER. *Mespilus, L.* F. subglobuleux couronné par les lobes du calice.

1. N. AUBÉBINE. M. *oxyacantha, G.* Cratægus —, *L.* F. rouges. CCC.

2. N. — TARDIF. M. *oxiacanthoïdes, Th.* Arborescent, peu épineux. C. les bois.

3. N. COMMUN. M. *germanica, L.* F. gros, devenant pulpeux lorsqu'il entre en fermentation. C. Les bois.

4. N. BUISSON ARDENT. **M.** *pyracantha*, *L.* F. en panicule rouge persistant, longues épines. RR. Planté.

On plante aussi dans les bosquets, l'AUBÉPINE à fleurs roses, à f. doubles blanches; l'AUBÉPINE ROYALE. — VELUE; les AZAROLIERS, *Cratægus aza-rolus*, *L.*; les NÉFLIERS sans noyaux, Néflier du Japon, etc.

2ᵐᵉ — **POIRIER.** *Pyrus*, *T.* Arbre, à l'état sauvage, à rameaux spinescents. F. blanches; f. à pépins, atténués à la base.

P. SAUVAGE. **P.** *sylvestris*. A fruits acerbes. CC. Les bois.

Le bois de poirier prend parfaitement la couleur noire.

3ᵐᵉ — **POMMIER.** *Malus*, *T.* Arbre à l'état sauvage, aussi à rameaux spinescents. F. roses ; f. suborbiculaire.

1. P. SAUVAGE. **M.** *sylvestris*, **Pyrus malus**, *L.* CC. Les bois.

2. P. DOUCIN. **M.** *pumila*. Paraît être subspontané.

4ᵐᵉ — *AMELANCHIER VULGARIS*, **M.** *Mespilus* —, **L.** F. blanches en grappes. Fruit noir bleuâtre. R. Bois montagneux.

5ᵐᵉ — **SORBIER.** *Sorbus*, *T.* Arbre non épineux. F. petites, blanches, en corymbes.

1. S. CORMIER. S. *domestica*, *L.* F. pinnées ; fruit pyriforme. C. Les bois.

2. S. DES OISEAUX. S. *aucuparia*, *T.* Fruit rouge,

globuleux, persistant. C. Les bois au nord de la Champagne.

3. S. ALISIER. *S. torminalis, C. Cratægus—, L.* F. lobées; f. oblong, brun-jaunâtre. C. Bois, partie ouest.

4. S. ALOUCHIER. *S. aria, C. Cratægus —, L.* F. blanches, tomenteuses en-dessous. F. rouge orangé, globuleux. C. Bois, partie ouest.

5. S. A F. LARGES. *S. latifolia, P.* F. tomenteuses, décroissant vers le sommet; f. jaune-rougeâtre. RR. les bois. C. plantés.

Le COIGNASSIER, *Cydonia vulgaris, P. Pyrus cydonia, L.*, est dans beaucoup de haies.

2ᵐᵉ SECTION. — *Ovaire libre.*

6ᵐᵉ Tribu des Pétalées. — ROSACÉES.

Fleurs en roue. Fruit composé de carpelles, sec ou drupacé.

1ʳᵉ *Fraction.*

Fruit sec.

1ᵉ *Famille.* SPIRÉE. *Spirea, L.* F. blanches ou rosées, en corymbe. Carpelles en un verticille.

1. S. REINE DES PRÉS. *S. ulmaria, L.* F. en paires de segments inégaux. CC. Bords des eaux.
Vantée, en forte décoction, dans les hydropisies.

2. S. FILIPENDULE. *S. filipendula, L.* F. à segments latéraux de même grandeur que le terminal. RR. Bois humides.

On plante beaucoup d'espèces ou variétés de Spirées, dont le nombre varie tous les jours.

2me — BENOITE. *Geum, L.* Carpelles poilus en tête globuleuse.

B. URBAINE. *G. urbanum, L.* F. jaunâtres, solitaires. CCC. Tour des habitations.

Sa racine, ramassée au printemps, sert à aromatiser le vin, la bière, etc.

3me — POTENTILLE. *Potentilla, L.* 5-*folium, T.* Carpelles convexes, persistants.

1. P. ANSÉRINE. *P. anserina, L. Argentine, Lam.* F. jaunes ; f. blanches, tomenteuses en dessous, pinnées. CCC.

2. P. RAMPANTE. *P. reptans, L.* F. palmatiséquées. CCC.

3. P. PRINTANIÈRE. *P. verna, L.* F. en touffe compacte circulaire. C. mi-avril.

4. P. TORMENTILLE. *P. tormentilla, S. Tormentilla erecta, L.* 4 sépales et 4 pétales jaunes. F. à 3 folioles sessiles. CCC. Les bois.

5. P. ARGENTÉE. *P. argentea, L.* F. à lobes linéaires, blanches, tomenteuses en dessous comme la tige, robuste. Assez R. Lieux secs.

6. P. FRAISIER. *P. fragaria, P. fragaria sterilis.* F. à 3 folioles ; f. blanches. C. Bois taillis.

7. P. RUBRA. *Comarum palustre, L.* Pétales pourpres. RR. Marais.

On plante la POTENTILLE en arbre et la P. SANGUINE.

4me — AIGREMOINE. *Agrimonia, T.* Calice devenant ligneux et contenant 1 ou 2 carpelles. F. jaunes en épi long.

A. OFFICINALE, *L.* A. *eupatoria*, *L.* F. à segments ovales inégaux, velus et vert-cendré en dessous. **CCC**.

2ᵐᵉ *Fraction.*

Fruits globuleux, sucrés, succulents.

1ʳᵉ *Famille*. FRAISIER. *Fragaria*, *T.* Fraises. Caduc. F. à 3 lobes.

1. F. COMMUN. F. *vesca*, *L.* Stolons nombreux. **CCC**. Les bois.

2. F. COUCOU. F. *elatior*, *E.* Grande espèce. Fruit oblong. **C**. Bois.

3. F. DES COTEAUX. F. *collina*, *E.* Calice appliqué sur le fruit. **R**. Terrain calcaire. **C**. cultivé.

On cultive : le FRAISIER A G. FLEURS, F. *grandiflora*, *E.*; F. MUSQUÉ ; F. DE VIRGINIE, F. *Virginiana* ; F. CAPRON, à gros fruits ; F. DES ALPES, à fruit blanc, à f. rouges ; F. DU CHILI : F. FRAMBOISE : F. ANANAS, etc., etc.

2ᵐᵉ — RONCE. *Rubus*, *T. S.* Arbrisseau à tige sarmenteuse munie d'aiguillons. F. blanches ou rosées.

1. R. COMMUNE. R. *fruticosus*, *L.* Tige grimpante, tombante, longue. F. globuleux, noir. à saveur sucrée fade. **CCC**. Haies.

2. R. DISCOLORE. R. *discolor*, *W.* F. blanches en dessous. **C**. Les haies, les bois.

3. R. HÉRISSÉE. R. *hirtus*, *W.* Tiges hérissées d'aiguillons fins, à rameaux verts. **RR**. Buissons.

4. R. BLEUE. R. *cæsius*, *L.* Tige rampante sur terre ; fruit bleu. **CC**. Terres incultes ou négligées

5. R. RIDÉE. R. *rugulosus, G.* F. plissées, coriaces. R. Bois.

6. R. DES BUISSONS. R. *dumetorum, W.* Fruit bleuâtre luisant. Assez R.

7. R. FRAMBOISIER. R. *idæus, L.* Tige arquée au sommet. Fruits rouges. CC. Cultivée.

8. R. DE ROCHE. R. *saxatilis, L.* Fruits rouges formés de 3 ou 4 grains espacés. RRR. Bois montagneux.

Dans les jardins : le FRAMBOISIER DU CANADA, à f. roses ; DES ALPES, à double produit, etc., à f. jaune, noir, blanc ; les R. A FLEURS DOUBLES, DE LA CHINE, etc.

———————

3ᵐᵉ *Fraction.*

Fruit ovoïde, oblong, rouge, à nombreux carpelles hérissés de poils raides comme la face interne des fruits. Cynorrhodon.

Famille. ROSIER. *Rosa, T.* Arbrisseau à aiguillons et à grandes fleurs.

1. R. DES CHAMPS. R. *arvensis, H.* Rameaux arqués. Fleurs blanches, isolées. CCC. Les bois, buissons.

2. R. DES HAIES. R. *canina, L.* Tige robuste ; f. d'un blanc rosé, caduque. CCC. Les haies, etc.

Trois ou quatre variétés, selon les localités, qui modifient les caractères spécifiques, mais seulement momentanément ; car ces caractères reprennent assez promptement ceux du type primitif. Les rosacées, comme les pomacées, ont cela de particulier, d'offrir une innombrable quantité de variétés par les semis, la culture ou la localité.

3. R. ROUILLÉ. R. *rubiginosa, L.* Touffu. Fleurs rose-rougeâtre, musquées. CC. Coteaux arides.

4. R. à f. de pimprenelle. R. *pimpinellifolia*, *L*. Aiguillons droits, nombreux ; f. blanches à onglet jaunâtre. Assez C. Collines chaudes.

5. R. tomenteux. R. *tomentosa*, *S*. F. cendrées sur les deux faces. R. Lieux incultes.

Dans les jardins, l'énumération des espèces ou variétés serait un travail interminable.

4me *Fraction*.

Fruit, drupe. Arbres. Amygdalées.

1re *Famille*. PRUNIER. *Prunus*, *T*. Drupe succulent.

1. P. épineux. Prunellier. P. *spinosa*, *L*. F. globuleux, noirs, petits, acerbes. CCC.

2. P. sauvage. P. *insititia*, *L*. F. subglobuleux, sucrés, assez gros. RR. Les bois. Jeunes rameaux pubescents.

2me — CERISIER. *Cerasus*, *J*. Drupe globuleux.

1. C. merisier. C. *avium*, *M*. F. rouge, doux, sucré. CCC. Les bois.

2. C. cessier. C. *mahaleb*, *M*. Fruit noir, petit. RR. Les bois.

3. C. à grappe. C. *padus*, *D*. F. en longue grappe cylindrique. RR. Les bois.

4. C. commun. C. *vulgaris*, *M*. CCC. subspontané.

Le Cerisier commun est abondamment planté, ainsi que le Guignier et ses variétés, C. *juliana*, *D*.

Le Bigarreautier, C. *duracina*, *D*., à gros fruit noir, rose ou blanc.

Le Laurier-Cerise, C. *lauro-cerasus*. Poison actif.

L'ABRICOTIER, *Armeniaca vulgaris* ; les AMAN-
DIERS à amandes amères et douces ; le PÊCHER,
Amygdalus persica ; le BRUGNON, *Persica lævis, D.*

7ᵐᵉ Tribu. — ROSACÉES-CRASSULÉES.

Fruit à carpelles polyspermes succulents. Plante
grasse. Feuilles épaisses.

1ʳᵉ *Famille.* CRASSULE. *Crassula, L.* ⊛ F. cylindriques ; f. blanc-rosé en épis subunilatéraux.

C. ROUGEÂTRE. *C. rubens, L.* Pétales aristés,
longs. R. Sur les rochers.

2ᵐᵉ — ORPIN. *Sedum, L.* Etamines en nombre
double de celui des pétales. F. très-épaisses.

1. O. ROUGE. S. *purpurescens, K.* F. planes ;
f. en glomérules roses. Assez C. Bois humides
pierreux.

2. O. BLANC. S. *album, L.* F. blanches à anthères brunes. C. Sur les murs.

3. O. ACRE. S. *acre, L.* Vermiculaire. T. en
touffe ; f. gibbeuses, celles des tiges imbriquées.
CCC.

4. O. RÉFLÉCHI. S. *reflexum, T.* Tige et f. rougeâtres, fleurs jaunes. C.

5. O. REPRISE. S. *telephium, L.* Tige élevée,
renflée à la base ; f. en corymbe. RR. Les bois.

6. O. PANICULÉ. S. *cepœa, L.* ⊛ F. olivâtres,
planes ; fleurs blanches. R. Bois pierreux.

7. O. VELU. S. *villosum, L.* F. presque cylindriques, velues ; fleur rouge. R. Montagnes.

3ᵐᵉ — JOUBARBE. *Sempervivum. L.* Rosette de

f. imbriquées serrées, d'où s'élève une tige à petites feuilles imbriquées.

1. J. DES TOITS. S. *tectorum*, *L*. F. roses en corymbe terminal. CC.

2. J. DES MONTAGNES. S. *montanum*, *L*. F. velues ; tige de 10 centimètres. RRR. Nord-ouest. De Foucault.

4ᵐᵉ — TILLI MOUSSET. *Tillæa muscosa*, *L*. T. très-petite, noueuse ; f. perfoliées ; f. très-petites. RR. Bois humides.

8ᵐᵉ Tribu. — PARONYCHIÉES. St.-H.

⊛ ou ♂. Fruit capsulaire membraneux enveloppé par le calice.

1ʳᵉ *Famille*. HERNIAIRE. *Herniaria*. *L*. Sépales et pétales filiformes.

1. H. GLABRE. H. *glabra*, *L*. Turquette. ⊛ Tiges traînantes florifères ; calice jaune. C. Les champs.

2. H. VELUE. H. *hirsuta*, *T*. Plante velue. RRR.

2ᵐᵉ — PARONIQUE. *Paronychia*. *L*. 5 sépales blancs, épais, terminés en pointe subulée.

1. P. VERTICILLÉE. P. *verticillata*, *Lam*. *Illecebrum* —, *L*. Tiges filiformes, florifères. RR. Sables humides.

3ᵐᵉ — GNAVELLE. *Scleranthus*, *L*. Capsules renfermées dans le tube du calice devenu osseux.

1. G. ANNUELLE. S. *annuus*, *L*. Tige en touffe. f. linéaires. CC. Les champs.

2. G. VIVACE. S. *perennis*, *L*. Calice scarieux au bord. RR. Sables.

4me — CORRIGIOLE. *Corrigiola littoralis*, *L.*
Tige petite, couchée ; f. glauques ; fleurs blanches
très-petites. RR. Sables humides.

9me Tribu. — PORTULACÉES, J.
Calice 2 sépales.

1re *Famille*. POURPIER. *Portulaca*, *T.* F.
charnu à suc mucilagineux. Plante couchée sur
la terre.

P. POTAGER. P. *oleracea*, *L.* ⊛ F. cunéiformes,
luisantes ; f. jaunâtres, sessiles. C. Jardins, vignes.
On cultive le POURPIER DORÉ, même espèce.

2me — MONTIE. *Montia*, *L.* ⊛ Aquatique. Succulente, petite, rameuse.

M. DES FONTAINES. M. *fontana*, *L.* F. petites,
blanches, penchées. RR. Bords des eaux.

10me Tribu. — SALICAIRES, LYTHRARIÉES, J.
8 ou 12 sépales sur 2 rangs.

1re *Famille*. SALICAIRE. *Salicaria*, *T.* Pétales
dépassant le calice.

1. S. A ÉPIS. S. *spicata*, *Lam.* *Lythrum* —, *L.*
F. rougeâtre en panicule spiciforme terminale.
CC. Bords des rivières, les bois, juillet.

2. S. A F. D'HYSSOPE. S. *hyssopifolia*, *Lam.*
F. solitaires à l'aisselle des feuilles. Juillet. Assez R.

2me — PEPLIDE. *Peplis*, *L.* Couchée, radicante.
Calice campanulé, à 12 fides.

P. POURPIÈRE. P. *portulaca*, *L.* Tige florifère ;
f. rougeâtre. C. Bords des étangs.

11ᵐᵉ Tribu. — PAPILIONACÉES (Légumineuses), J.

Fruit, légume ; f. papilionacées. Monadelphe, diadelphe.

1ʳᵉ *Fraction.* — ARTICULÉES.

*Légumes à articles transversaux monospermes ; dia-
delphes. F. imparipinnées.*

1ʳᵉ *Famille.* CORONILLE. *Coronilla, L.* Légumes
à articles renflés.

1. C. VARIÉE. *C. varia, L.* F. rosées à carène
violette. CC. Les champs.

2. C. MINIME. *C. minima, D.* Tige frutescente ;
f. jaunes. Assez C. Plaine crayeuse.

Dans les parterres, la CORONILLE COURONNÉE,
C. coronata.

2ᵐᵉ — FER A CHEVAL. *Hippocrepis, L.* Légume sinué à articles semi-lunaires, linéaires.
Souche ligneuse.

F. A PERRUQUE. H. *comosa, L.* Légume terminé
par un bec comprimé. CC. Terrains secs.

Les SAINFOINS, *Hedysarum onobrychis.* D'ES-
PAGNE, H. *coronarium,* sont abondants, et le premier presque subspontané.

3ᵐᵉ — PIED D'OISEAU. *Ornithopus. L.* ⊚ Légume à articles comprimés. F. ailées.

P. DÉLICAT. O. *perpusillus, L.* F. d'un blanc
mêlé de rose et de jaune. RR. Sables humides.

2ᵐᵉ *Fraction.* — SOUS-ARBRISSEAUX.

F. unifoliées. Monadelphes.

1ʳᵉ *Famille.* AJONC. *Ulex, L.* Unifolié linéaire
terminé en épine, légume renflé.

1. A. D'EUROPE. U. *Europæus, L.* Calice très-velu. R. devenu spontané.

2. A. NAIN. U. *nanus, L.* Bruyère jaune. Sous-arbrisseau diffus. RRR. Bordure des bois.

2ᵐᵉ — GENÊT. *Genista, T.* Corolle à étendard ovale plus court que les ailes et la carène. F. jaunes.

1. G. DES TEINTURIERS. G. *tinctoria, L.* Folioles oblongues, lancéolées, éparses. CCC. Lisières des bois. Juillet.

2. G. SAGITTALE. G. *sagittalis, L.* Presque herbacé, à rameaux velus ailés. Juin. CC. Lieux secs.

3. G. POILU. G. *pilosa, L.* G. *repens, Lam.* Folioles canaliculées. F. solitaires ou géminées. CC. Lisières des bois.

4. G. COUCHÉ. G. *prostrata, Lam.* Rameaux couchés. F. en grappes unilatérales. Assez C. Partie crayeuse.

5. G. VELU. G. *villosa, Lam.* G. *germanica, L.* Épines feuillées donnant naissance à d'autres épines. R. Taillis d'anciens bois.

6. G. ANGLAIS. G. *anglica, L.* Rameaux latéraux terminés en épines. RRR. Pâtis.

Dans les parterres : le GENÊT D'ESPAGNE, *Spartium junceum, L.*, ainsi que celui de Sibérie ; le GAINIER ou arbre de Judée, *Cercis siliquastrum.*

3ᵐᵉ *Fraction.*

Feuilles trifoliées. Monadelphe.

1ʳᵉ *Famille.* GRAND GENÊT. *Sarothamnus, W.* Style filiforme roulé en spirale.

G. A BALAIS. S. *scoparius, W. Spartium —, L.*

G. *scoparia*, *Lam*. F. jaunes axillaires penchées. CCC. Les taillis.

2ᵐᵉ — CYTISE. *Cytisus*, *L*. Etendard ovale dépassant les ailes et la carène.

1. C. COUCHÉ. *C. supinus*, *L*. F. axillaires en tête au sommet des rameaux. Folioles ciliées. Pas R. Coteaux calcaires.

2. C. DES ALPES. C. *laburnum*, *L*. Arbre à fleurs en grappes multiflores, pendantes, jaunes. CC. planté, naturalisé. Le faux ébénier croît facilement parmi les pierres, les roches.

On plante aussi les CYTISES : capité, à f. sessiles, à f. larges laciniées, à bois jaspé, à fleurs de violette, pleureur, velu, nigricans, trifolium, prolifer, odorant, à f. blanches, d'Adam, monstrueux, noir à épis, à f. ballées.

3ᵐᵉ — BUGRANE. *Ononis*, *L*. *Anonis*, *T*. T. subligneuse, traçante ; calice 5-fides linéaires : légume renflé. Monadelphe.

1. B. ÉPINEUSE. O. *spinosa*, *L*. Fleurs roses. CCC. Bords des chemins.

2. B. GLUANTE. O. *natrix*, *L*. Aussi à épines : f. jaunes longuement pédonculées. C. Lieux incultes.

3. B. RAMPANTE. O. *repens*, *L*. F. roses ; légume plus court que les sépales. CCC. Les champs. (Arrête-bœuf.)

4. B. FLUETTE. O. *columnæ*, *A*. F. jaunes sessiles, pétales ne dépassant pas les sépales. RR. lieux arides.

La BUGRANE FRUTESCENTE est dans les bosquets.

Le moyen de détruire l'arrête-bœuf ou tendon,

c'est de l'arracher ou le couper souvent ; deux ou trois années successives en pommes de terre suffisent pour les détruire.

4ᵐᵉ — LOTIER. *Lotus, L.* F. jaunes à bractées trifoliées ; lég. cylindrique. Diadelphe. F. jaunes.

1. L. CORNICULÉ. L. *corniculatus, L.* T. très-diffuses. Boutons à sépales dressés. CCC. Beaucoup de variétés.

2. L. MAJEUR. L. *major, L. Villosus , Th.* T. élevées ; boutons à sépales étalés ; glomérules multiflores. CC. Lieux humides. Plusieurs variétés.

3. L. SILIQUEUX. L. *siliquosus, L.* F. solitaires ; légumes à 4 ailes foliacées. C. Marais.

4. L. GRÊLE. L. *tenuifolius, R.* T. filiforme ; folioles linéaires. R. Lieux arides.

Le BAGUENAUDIER, *Colutea arborescens, L.*, est commun dans les jardins.

5ᵐᵉ — TRÈFLE. *Trifolium, T.* F. en tête ou en épi dense. Diadelphe. Légume très-petit renfermé dans le calice.

1. T. DES PRÉS. T. *pratense, L.* F. en capitules rosés, blancs ou jaunes ; stipules triangulaires. CCC.

2. T. DES BOIS. T. *medium, L.* T. *flexuosum, J.* Stipules linéaires. CCC.

3. T. DES CHAMPS. T. *arvense, L.* ◉ Epis velus, soyeux. CCC.

4. T. INCARNAT. T. *incarnatum, L.* Epi solitaire pédonculé. CCC. Cultivé.

5. T. OCREUX. T. *ochroleucum, L.* F. jaunâtres en capitules globuleux. Assez C. Prés, bords des chemins.

6. T. FRAISIER. T. *fragiferum*, *L*. F. en capitules multiflores rosés, fanés. CCC. Pelouses.

7. T. RAMPANT. T. *repens*, *L*. Triolet. F. blanches ou rosées, pédicellées. CCC.

8. T. JAUNE. T. *procumbens*, *L*. T. diffuses ;
étendard étalé, courbé. CCC. Variété plus petite,
f. jaune-soufré.

9. T. JAUNE CULTIVÉ. T. *agrarium*, *L*. F. à folioles sessiles. Juillet. CC. cultivé. R. Bois montueux.

10. T. DES MONTAGNES. T. *montanum*, *L*. F.
blanches, réfléchies, sessiles. R. Bois des terrains
secs. Mi-mai.

11. T. STRIÉ. T. *striatum*, *L*. T. et F. velues ;
calice à divisions subulées. R. Bords des chemins.

12. T. SEMEUR. T. *subterraneum*, *L*. ◉ Capitules entourés d'appendices crochus s'enfonçant
dans la terre après la floraison. R. Pelouses humides.

13. T. FILIFORME. T. *filiforme*, *L*. Etendard,
plié en carène, appliqué sur le légume. F. jaunes.
CC.

14. T. RIGIDE. T. *scabrum*, *L*. Calice à divisions
lancéolées, divergentes, épineuses. R. Lieux secs.

15. T. ÉLÉGANT. T. *elegans*, *L*. T. *parisiense*, *D*.
F. d'un jaune d'or. RR. Bords des bois.

6ᵐᵉ — LUZERNE. *Medicago*, *L*. *Medica*, *T*.
Légume réniforme, falciforme, ou contourné en
spirale. Diadelphe. F. pinnées trifoliées.

1. L. FALCIFORME. M. *falcata*, *L*. Pédicelles plus
longs que les bractées ; f. jaunes ; légume falciforme. CCC. Haies.

2. L. LUPULINE. M. *lupulina, L.* F. petites, jaunes; lég. réniforme. CCC. Chemins. V. hérissée.

3. L. CULTIVÉE. M. *sativa, L.* F. bleuâtres; légume en spirale. Cultivée, mais souvent spontanée.

4. L. MINIME. M. *minima, Lam.* F. jaunes. Légume en hélice, globuleux, épineux. RR. Var. argentée.

5. L. DES ABEILLES. M. *apiculata, L.* F. blanches; étendard dépassant les ailes. RR. Prés sablonneux.

6. L. TACHÉE. M. *maculata, W.* T. à quelques longs poils; légume à hélice globuleuse déprimée: f. tachées de noir. RR. Sables.

7ᵐᵉ — MÉLILOT. *Melilotus, T.* F. en grappes effilées. Légume droit indéhiscent. ♂

1. M. DES CHAMPS. M. *arvensis, W.* T. étalées: f. jaunes; légume glabre. CCC. Les champs, prairies.

2. M. OFFICINAL. M. *officinalis, W.* M. *altissima. Th.* T. dressée; légume pubescent; f. jaunes. C. Buissons, bois.

3. M. BLANC. M. *alba, Th.* Tige élevée; f. blanches; étendard dépassant les ailes. R. Champs crétacés.

Dans les jardins, le MÉLILOT BLEU, M. *cœrulea, L.* L'abondance des mélilots sauve les essaims tardifs.

8ᵐᵉ—ANTHYLLIDE. *Anthyllis, L.* Calice renflé, bilobé, denté; f. imparipinnées; légume orbiculaire.

A. VULNÉRAIRE. A. *vulneraria, L.* F. jaunes ou rougeâtres, en glomérules munis de bractées palmées. CCC. Sur le calcaire.

9ᵐᵉ — **ASTRAGALE.** *Astragalus, L.* Tige sous-ligneuse couchée ; f. à beaucoup de folioles ; légume arqué à trois loges.

1. A. RÉGLISSE-TRAGANT. A. *glycyphyllos, L.* F. jaune verdâtre, à pédoncules axillaires plus courts que les feuilles. Pas R. Excellent fourrage ; peut remplacer la véritable Réglisse, *Glycyrrhiza glabra, L.*, que l'on plante dans les jardins.

2. A. A VESSIE. A. *vesicarius, Lam.* A. *cicer, L.* F. jaunes en épis à longs pédoncules ; légume vésiculeux. RRR. Terrain calcaire sec.

Le BAGUENAUDIER, *Colutea arborescens, L.*, arbrisseau à légume renflé en vessie, est devenu subspontané dans beaucoup d'endroits.

On plante le B. ORIENTAL, à f. rouges, C. *cruenta, L.*, comme aussi les FÉVIERS, 5 à 6 espèces.

Le GALEGA OFFICINALIS, *L.* à f. blanches, rosées ou bleuâtres.

Le HARICOT ORDINAIRE, *Phaseolus vulgaris, T.* — NAIN, P. *nanus, L.*, qui ne grimpe pas ; et leurs variétés : FLAGEOLET, DE SOISSONS, ROUGE ; le HARICOT RIS, P. *tumidus, S.* ; le POIS-COCO, P. *sphæricus*, de diverses couleurs ; H. d'ESPAGNE ; A BOUQUET, P. *multiflorus*.

Et dans les parterres, les LUPINS, *Lupinus*.

4ᵐᵉ *Fraction.*

Feuilles paripinnées, à vrilles ou arêtes. Légume polysperme à une loge longitudinale.

1ʳᵉ *Famille.* VESCE. *Vicia, T.* Tige grimpante, anguleuse ; calice plus court que la corolle ; pédoncule plus court que la fleur ; style filiforme, vrille rameuse, loge allongée.

1. **V. cultivée.** V. *sativa*, **L**. Dravière. ● ou ♂
G. subglobuleuse. CC. Beaucoup cultivée.

2. **V. des haies.** V. *sepium*, *L*. F. violacées en
grappes courtes. CC. Les bois.

3. **V. a bouquet.** V. *cracca*, *L*. F. bleu-violet en
grappes unilatérales longues. C. Buissons.

4. **V. a petites feuilles.** V. *tenuifolia*, **R**. Folioles petites et nombreuses. C. Bois, haies.

5. **V. polymorphe**, V. *polymorpha*, **G**. Tiges
couchées rameuses; f. bleu pâle.

1re var. V. des moissons, V. *segetalis*, **K**. A folioles obovales. RR.

2me var. V. *Robartii*, *K*. A folioles linéaires
aiguës. RR. Taillis.

3me var. V. *cordata*, *W*. Folioles elliptiques.
RR. Moissons.

6. **V. pisiforme.** V. *pisiformis*, *L*. F. jaunâtres,
folioles obcordées ovales. R. Bois montagneux.

7. **V. gessière.** V. *lathyroides*, *L*. T. filiformes;
f. terminées en arête : f. solitaires bleuâtres.
RRR. Sables.

8. **V. jaune.** V. *lutea*, *L*. Fleurs solitaires ou
géminées; légume hérissé. RRR. Champs humides.

2me — ERS. *Ervum*, *L*. F. petites, blanches
bleuâtres, dont la corolle dépasse à peine le calice ; légume court, comprimé.

1. E. velu. E. *hirsutum*, *L*. T. glabre; légume
velu. CC. partout.

2. E. tétrasperme. E. *tetraspermum*, *L*. Fleurs
blanches à étendard bleu. CCC. Les bois.

3. E. grêle. E. *gracile*, **D**. Pédoncules plus
longs que les f. aiguës. RRR.

4. E. cultivé. E. *ervilia*, **L**. Vicia —, **W**.

Orobe officinale. Pédoncules sans vrille ni arête ; f. blanchâtres. R. subspontané. R. cultivé sous le nom de grosse lentille ; et sa farine est souvent vendue sous le nom de farine d'orobe.

5. E. LENTILLE. E. *lens*, *L.* F. bleuâtres; folioles à vrille simple, les inf.[es] en arête. Graine comprimée. CC. cultivé. R. spontané dans les moissons des terrains crayeux sous le nom de lentillon.

La GROSSE FÈVE, *Faba vulgaris*, *M.*, la FÈVEROLLE, *Faba minor*, sont beaucoup cultivées, ainsi que les POIS POTAGER, *Pisum sativum*, *L.*, sous plusieurs variétés :

POIS PISAILLE, *P. arvense*, *L.*, à étendard et ailes rouge violet. Cultivé en grand.

POIS CHICHE, *Cicer sativum*, *T.*, à la gousse sans parchemin : et POIS GIBBEUX.

5ᵐᵉ — GESSE. *Lathyrus*, *L.* Tiges ailées ou anguleuses: calice à 5 dents, les deux supérieures plus courtes ; style plan.

1. G. DES PRÉS. L. *pratensis*, *L.* F. jaunes ; 2 folioles terminées en vrille. CC. Les prés, marais.

2. G. DES BLÉS, L. *segetum*, *T.* L. *aphaca*, *L.* F. jaunes ; f. réduites au rachis. Assez C. Moissons des terres argilo-calcaires.

3. G. NISSOLE. L. *nissolia*, *L.* F. violacées ; f. réduites au rachis. R. Juillet.

4. G. CULTIVÉE. L. *sativus*, *L.* Jarot. F. à 2 folioles à pétiole bordé : F. blanc bleuâtre. Lég. à 2 ailes membraneuses. C cultivée. R. spontanée.

Plante enivrante, causant la cécité aux chevaux.

5. G. TUBÉREUSE. L. *tuberosus*, *L.* F. rouges ; f. à 2 folioles lancéolées, mucronées, atténuées à la base. Racines à tubercules charnus, comestibles C. Moissons. Juin.

6. G. SAUVAGE. L. *sylvestris*, *L.* T. largement
ailées ; f. roses. Var. à larges folioles. Assez R.

7. G. A BOUQUET. L. *latifolius*, *T.* Pois de cent
ans. T. et pétiole ailés. C. les jardins. RR. spontanée.

8. G. HÉRISSÉE. L. *hirsutus*, *L.* F. d'un bleu
rose ; légumes poilus. R. Moissons.

9. G. DES MARAIS. L. *palustris*, *L.* F. bleuâtres ;
f. à 2 ou 4 paires de folioles. R.

10. G. CHICHE. L. *cicera*, *L.* Lég. à bord sup[r]
droit canaliculé. Cultivée sous le nom de petits
pois chiches.

On cultive aussi la GESSE ODORANTE, L. *odora-*
tus, *L.* Pois de senteur.

———

4me — OROBE. *Orobus*, *T.* F. d'un rose violet ;
f. à arête courte.

1. O. TUBÉREUX. O. *tuberosus*, *L.* Racines à tubercules presque ligneux ; t. et pétioles un peu
ailés. C. dans les bois. 2 variétés, à petites feuilles
et à feuilles écartées. Ce dernier R.

2. O. NOIR. O. *niger*, *L.* T. ord. solitaire droite ;
f. de 3 à 6 paires de folioles ; f. à pédoncules 4 à
8-flores. R. Bois.

===

12me Tribu. — RHAMNÉES, J.

Arbres peu élevés ; fruit bacciforme à 2 ou 4 noyaux.

———

Famille. NERPRUN. *Rhamnus*, *Lam.* Arbrisseau
rameux, à fleurs en fascicules. Baies noires.

1. N. PURGATIF. R. *catharticus*, *L.* Épineux.
F. polygames d'un jaune verdâtre. C. Bois des
terrains calcaires.

2. N. BOURDAINE. R. *frangula*, *L.* Aulne noir.

F. en fascicules d'un blanc verdâtre. CC. Bois humides ombragés.

Les baies, noires, du premier sont purgatives ; 20 à 50 pour la dose. Elles fournissent le vert de vessie. Très-mûres, elles prennent une couleur écarlate. L'écorce sert à teindre en jaune.

C'est avec la bourdaine que l'on fait le charbon propre à la fabrication de la poudre à canon. Les cordonniers se servent du bois pour faire des chevilles à talons.

L'ALATERNE, R. *alaternus*, *L.*, et ses variétés, ainsi que le NERPRUN DES ALPES, se plantent dans les massifs.

Le SUMAC COMMUN, *Rhus cotinus*, *L.*; le SUMAC DES CORROYEURS, R. *coriaria*, *L.*; la TYPHINE, R. *typhium*; le SUMAC DE VIRGINIE, se plantent aussi dans les massifs, ainsi que le VERNIS DU JAPON, *Aclanthus glandulosus*.

2me SUBDIVISION.

Pétales non adhérents au calice.

1re SECTION. — *Calice à sépales colorés. Pétales nuls.*

1re Tribu. — APÉTALES RENONCULÉES.

Etamines et pistils nombreux.

1re *Famille.* POPULAGE. *Populago, T.* Aquatique.

P. DES MARAIS. P. *palustris*, *S. Caltha palustris*, *L.* F. assez grandes, jaunes, solitaires ; f. luisantes. CCC. Avril.

2ᵐᵉ — ANÉMONE. *Anemone, L.* Carpelles nombreux terminés par le style persistant.

1. A. DES BOIS. A. *nemorosa, L.* A. *trifolia, Th.* Sépales glabres, blancs, rosés en dehors. CCC. Avril.

2. A. PULSATILLE. A. *pulsatilla, L.* F. grandes, bleu-violet, soyeuses en dehors. C. Coteaux calcaires. Avril.

3. A. SAUVAGE. A. *sylvestris, L.* F. blanchâtres, velues, à 6 sépales grands. RR. Bois sablonneux.

4. A. RENONCULE. A. *ranunculoides, L.* F. jaunes; feuilles de l'inv. entières, sessiles; carpelles à style court. R. Bois couverts.

5. A. PRINTANIÈRE. A. *vernalis, L.* Inv. en segments linéaires; f. très-velue, roussâtre en dehors, purpurine et jaunâtre en dedans. RRR. Pâtis secs.

On cultive dans les parterres l'ANÉMONE DES FLEURISTES, A. *coronaria, L.*, et ses innombrables variétés; l'HÉPATIQUE, A. *hepatica, L.*, à f. blanches, bleues ou roses, etc.

3ᵐᵉ — PIGAMON. *Thalictrum, L.* F. jaunâtres en panicule terminale; étamines et pistils nombreux.

1. P. JAUNE. T. *flavum, L.* T. élevée; f. à segments cunéiformes, les supᵗˢ étroits. C. Marais.

2. P. MINEUR. T. *minus, T.* F. bipinnatiséquées à segments réniformes. Juin. R. Coteaux chauds de la craie.

3. P. A F. D'ANCOLIE. T. *Aquilegifolium, L.* F. purpurines en panicule serrée; capsules triangulaires, un peu ailées. RRR. Près des montagnes.

4ᵐᵉ — CLÉMATITE. *Clematis sepium, Lam.*

C. *vitalba*, *L.* T. sarmenteuse, ligneuse, grimpante ; f. opposées en panicule axillaire, blanches, tomenteuses. CCC. Les haies, les bois.

Dans les jardins, les CLÉMATITES ODORANTES, bleu-violet, roulées.

2ᵐᵉ *Fraction*. — RENONCULÉES, *J*.

Carpelles nombreux terminés en bec par le style persistant. Sépales et pétales colorés.

1ʳᵉ *Famille*. RENONCULE. *Ranunculus*. Carpelles en capitules globuleux. F. la plupart radicales.

1. R. DES CHAMPS. R. *arvensis*, *L.* ⊚ Calice dressé; f. opposées aux pédoncules ; carpelles épineux. CCC.

2. R. SCÉLÉRATE. R. *sceleratus*, *L.* Calice réfracté ; carpelles en capitules spiciformes. C. Les marais.

3. R. VELUE. R. *philonotis*, *Ch.* R. *hirsutus*, *C.* Carpelles en capitules globuleux, comprimés, à rebords tuberculeux ; calice réfracté. CC.

4. R. BULBEUSE. R. *bulbosus*, *L.* Racine bulbeuse; pétales jaunes, à écailles à la face interne. CCC.

5. R. RAMPANTE. R. *repens*, *L.* T. radicantes stoloniformes. CCC. Bassinet.

6. R. DRESSÉE. R. *erectus*, *D.* T. dressée, non radicante. C.

7. R. ACRE. R. *acris*, *L.* Pétales d'un beau jaune luisant ; fleurs terminales. CC. Prairies humides.

Le BOUTON D'OR. R. *acris*, à f. double, est dans les parterres.

8. R. BLONDE. R. *auricomus, L.* F. inf^{res} réniformes, crénelées ; calice dressé. CCC. Bord des
bois.

Var. *Procerior, D.* Plus grand. CC. Les bois.

9. R. FICAIRE. R. *ficaria, L.* Calice 3 sépales ;
6 ou 9 pétales. CC. Lieux humides.

10. R. A F. LONGUES. R. *longifolius, Lam.*
R. *lingua, L.* F. lancéolées, les inf^{res} atténuées à
la base. C. Les étangs.

11. R. FLAMMETTE. R. *flammula, L.* F. inf^{res}
oblongues ovales. longuement pétiolées. C. Les
marais.

12. R. FLOTTANTE. R. *fluitans, Lam.* Pétales
blancs à onglet jaune ; f. à laciniures allongées,
parallèles. R. Sur les rivières.

13. R. AQUATIQUE. R. *aquatilis, L.* F. à laciniures capillaires étalées ; pétales blancs ovales.
CCC.

14. R. RÉNIFORME. R. *reniformis, S.* F. subré-
niformes à incisions peu profondes ; f. blanches.
RRR.

15. R. EN ROSETTE. R. *divaricatus, S.* F. à folioles raides formant un disque orbiculaire ; f.
blanches. R.

16. R. CESPITEUSE. R. *cæspitosus, Th.* F. à laciniures raides, courtes et épaisses. RR.

17. R. LIERRÉE. R. *hederaceus, L.* F. toutes réniformes à 3-5 lobes obtus. entiers ; f. blanches.
RR. Lieux humides.

Dans les jardins : la RENONCULE ASIATIQUE,
R. *asiaticus* ; les RENONCULES BOUTON D'OR, R. *acris,*
BOUTON D'ARGENT. R. *aconitifolius, T.*

2me — **ADONIDE**. *Adonis, L.* Carpelles à bec court, en épi, sur un réceptacle cylindrique; f. multiséquées.

1. A. D'ÉTÉ. A. *æstivalis, L.* ⊛ Pétales d'un rouge clair, ord. tachés de noir à l'onglet. C. Terres d'alluvion.

2. A. D'AUTOMNE. A. *autumnalis, L.* ⊛ Pétales d'un pourpre foncé, obovales, concaves. R. Bords des chemins.

3. A. CITRINE. A. *citrina, S.* ⊛ Pétales d'un jaune pâle. R. Moissons.

4. A. FLAMMETTE. A. *flammea, J.* ⊛ Pétales étroits d'un rouge vif; sépales jaunâtres. Assez R.

3me — **RATONCULE MINEUR**. *Myosurus minimus, L.* ⊛ Carpelles imbriqués sur un réceptacle filiforme; f. linéaires, radicales; pédoncules uniflores, jaunâtres. C. Sables.

5me *Fraction.*

FOLLICULEUSES RENONCULÉES.

Follicules ou carpelles déhiscents, polyspermes.

1re *Famille.* HELLÉBORE. *Helleborus, T.* F. coriaces persistantes, à segments lancéolés; sépales persistants; pétales en tube.

1. H. FÉTIDE. H. *fœtidus, L.* T. uniflores à bractées ovales; sépales quelquefois bordés de rouge; f. en corymbe. C. Coteaux rocailleux.

2. H. VERT. H. *viridis, L.* ⊛ T. de 2 à 5 flores, munies sup^{ment} de f. palmatiséquées. R. Bois argileux calcaires.

Dans les jardins. l'HELLÉBORE NOIR. Rose de Noël.

2ᵐᵉ — NIGELLE DES CHAMPS. *Nigella arvensis, L.* F. bitripinnées ; f. blanchâtres bleuâtres ; pétales unguiculés. CC. Champs des terrains calcaires.

Dans les jardins, la NIGELLE DE DAMAS. Cheveux de Vénus, à graine aromatique.

3ᵐᵉ — ANCOLIE VULGAIRE. *Aquilegia vulgaris, L.* F. à 5 éperons courbés ; f. florales triséquées ; f. ord. bleues. C. Bois. CC. dans les jardins, où les f. prennent diverses couleurs.

4ᵐᵉ — DAUPHINELLE DES CHAMPS. *Delphinium segetum, Lam.* D. *consolida, L.* F. bleues ou blanches, irrégulières, à un seul éperon à double paroi. CCC. Moissons.

Le PIED D'ALOUETTE, D. *Ajacis, L.,* à f. en épi, C. dans les jardins.

5ᵐᵉ — ACONIT. *Aconitum, T.* 5 sépales pétaloïdes, le supᵣ en casque ; 2 pétales à onglet long, terminés en cornet, roulés au sommet et cachés sous le casque.

1. A. TUE-LOUP. A. *lycoctonum, L.* F. jaunâtres en grappe terminale ; f. en 5 ou 7 lobes trifides, dentées, velues. RR. Forêts montagneuses. Poison actif.

2. A. DE MONTAGNE. A. *neomontanum, L.* F. bleues en grappe spiciforme ; f. palmées, multifides, d'un vert noirâtre. RRR. Forêt montagneuse nord-ouest de la Champagne. Aussi poison.

CC. dans les jardins :

L'ACONIT NAPEL, à sépale supᵣ en casque bleu ; quelquefois subspontané. Poison violent. L'ACONIT PANICULÉ.

Les Pivoines à pétales nombreux, rouges, blancs. panachés, *Pæonia officinalis*; DE LA CHINE, P. *sinensis*; la CORALLINE, P. *corallina*; la P. VIOLETTE. etc.

Le TULIPIER DE VIRGINIE, *Liriodendron tulipifera, L.*

4ᵐᵉ *Fraction.*

BACCIFÈRES RENONCULÉES.

Carpelle bacciforme, solitaire, indéhiscent.

Famille. ACTÉE A EPIS. *Actæa spicata, L.* F. blanches en grappes pédonculées. Baie uniloculaire noire. Mai. R. Bois montagneux couverts.

3ᵐᵉ Tribu. — BERBÉRIDÉES, V.

Arbrisseaux épineux ; f. jaunes, petites. en grappes; baies oblongues, rouges, acides.

Famille. EPINE-VINETTE. *Berberis vulgaris, L.* Formant buisson à écorce cendrée, bois et racine jaunes. R. Bois, haies. Les étamines se rétractent par le moindre toucher.

Les baies écrasées avec de l'eau forment une bonne limonade.

Son bois jaune peut servir à la teinture.

4ᵐᵉ Tribu. — BALSAMINEES.

F. ponctuées de rouge en dedans, à éperon. pendantes.

Famille. BALSAMINE JAUNE. *Impatiens noli-tangere, L.* ⦿ F. hétéroclites, suspendues par un court pédicule. Capsules s'ouvrant avec élasticité en les touchant.

CCC. dans les jardins :

Impatiens balsamina, *L.*, et aussi la Grande Balsamine, qui se ressème tous les ans.

La Capucine. *Tropeolum majus*, *L.*

5me Tribu. — NYMPHÉACÉES, D.

Plantes nageantes, à larges feuilles cordées et pétiolées ; grandes f. jaunes ou blanches.

1re *Famille*. NÉNUPHAR BLANC. *Nymphæa alba*, *L.* Calice 4-sépales caducs ; 16 à 18 pétales lancéolés. CC. Les rivières, étangs.

2me — NUPHAR JAUNE. *Nuphar luteum*, *S.* Calice 5-sépales ovales, persistants. Pétales ovales. C. les mares.

6me Tribu. — POLYGALÉES.

Petites plantes sous-frutescentes à f. nombreuses. sessiles, luisantes, raides, lancéolées. F. en grappes unilatérales dressées.

1re *Famille*. LAITIER. *Polygala*, *T.* Petites f. en apparence papilionacées.

1. L. VULGAIRE. P. *vulgaris*, *L.* F. passant du bleu-violet au rose vif. C. Allées des bois.

2. L. CHEVELU. P. *comosa*. Bractées dépassant les jeunes fleurs ; celles-ci ord. roses, rarement blanches. C.

3. L. CALCAIRE. P. *calcaria*, *S.* Rameaux florifères partant des rosettes de f. qui terminent les tiges. CC. Coteaux calcaires. Mai.

4. L. AMER. P. *amara*, *L.* F. très-petites.

bleuâtres ou blanchâtres ; f., les inf^{res} en rosettes obovales. C. Marais. Mai.

La décoction de ce Laitier est recommandée dans les catarrhes pulmonaires.

7me Tribu. — TILIACÉES.

Arbre élevé ; f. à pédoncules soudés dans une partie de leur longueur avec une bractée membraneuse, blanchâtre, oblongue.

Famille. TILLEUL A PETITES FEUILLES. *Tilia microphylla, V*. F. d'un blanc jaunâtre, en corymbe; fruit ligneux à cinq angles. C. dans certains bois.

On plante le TILLEUL à grandes f. *T. grandifolia, S.*

8me Tribu. — FUMARIÉES.

Calice à deux sépales pétaloïdes, caducs; pétale supérieur prolongé en éperon.

1re *Famille*. FUMETERRE. *Fumaria, L.* à Diadelphe. 4 pétales, l'inf^r canaliculé, les sup^r cohérents à aile membraneuse.

1. F. OFFICINALE. F. *officinalis, L.* F. ord. purpurines, en grappes. CCC. Jardins, vignes.

2. F. A PETITES FLEURS. F. *parviflora, Lam.* F. blanches en grappes ; f. à segments pliés canaliculés. C. Vieux murs.

3. F. DE VAILLANT. F. *Vaillantii, Lois.* F. ord. purpurines en grappes ; sépales très-étroits. Assez C. Terrains crayeux.

4. F. CALYCINE. F. *calycina, B.* F. nombreuses en grappes purpurines ou roses ; sépales plus grands que les pétales. R.

5. F. DES HAIES. *F. capreolata, L.* F. blanches
ou rosées; f. à pétioles accrochants, tortillés. R.
Le long des rivières.

2me — CORYDALE BULBEUSE. *Corydalis bulbosa, D. Fumaria —, L.* Souche bulbeuse: fruit
siliquiforme. RRR.

Dans les jardins, la FUMETERRE JAUNE, *Corydalis
lutea, L.*

3me SUBDIVISION.

Calice à sépales libres.

9me Tribu. — PAPAVÉRACÉES, J.

Calice à 2 sépales.

1re *Famille.* PAVOT. *Papaver, T.* 4 pétales caducs, grands; capsules plus ou moins grosses. ●

1. P. COQUELICOT. P. *rhœas, L.* Plante hérissée
de poils; pétales larges, rouges. CCC. Moissons.
Mai.

2. P. A MASSUES. P. *argemone, L.* T. ord. solitaire; pétales oblongs, roses; capsules oblongues
à 4 à 6 côtes. Assez C. Moissons.

3. P. HYBRIDE. P. *hybridum, L.* Pétales pourpres,
capsules hérissées. C. Moissons des terrains de
craie.

4. P. PARVIFLORE. P. *dubium, L.* F. glaucescentes, velues; pétales très-rouges; capsule glabre.
R. Prairies artificielles.

5. P. SOMNIFÈRE. P. *somniferum, L.* F. profondément sinuées ou dentées, glaucescentes, les cau-

linaires amplexicaules; capsules glabres. C. Les jardins.

Tous les pavots sont somnifères.

2me — CHÉLIDOINE. *Chelidonium*, *T*. Plante à suc laiteux jaune; à f. jaunes en ombelle pauci-flore. Éclaire.

1. C. MAJEURE. C. *majus*, *L.* Plante glauque, rameuse, à grandes f. jaunes. CC. Le pied des murs.

2. C. GLAUQUE. C. *glaucium*, *L.* Pédoncules uniflores; silique allongée. R. Les jardins.

Dans les jardins, le PAVOT CORNU. *Glaucium corniculatum*, *L.*

10me Tribu. — CRUCIFÈRES, J.

4 sépales, 4 pétales en croix, 6 étamines tétradynames.

1re *Fraction*. — SILIQUEUSES.

1re SECTION. — *Siliques linéaires, déhiscentes. Fleurs jaunes.*

1re *Famille*. GIROFLÉE. *Cheiranthus*, *B*. F. odorantes; sépales, les latéraux bossus à la base; siliques subtétragones.

1. G. DES MURAILLES. C. *fruticosus*, *L.* Pétales jaunes. CCC. Mars.

2. G. PANACHÉE. C. *Cheiri*, *L.* Pétales veinés de rouge, rouillés. Moins C.

Cultivés souvent dans les jardins : G. A FLEURS DOUBLES. Rameaux d'or; comme aussi les COCA-REAUX, *Cheiranthus incanus*, *L.*: les QUARANTAINS, C. *annuus*, *L.*, *mathiola*, *B*.

2me — GÉRARDE. **Barbarea, B.** Siliq. subcy-lindriques. F. inf^{res} lyrées, les caulinaires embrassantes.

1. G. VULGAIRE. **B. vulgaris, B.** Siliq. droites. C. Bois, prés.

2. G. ARQUÉE. **B. arcuata, R.** Siliq. arquées. R. Habitations.

Dans les jardins : GÉRARDE A F. DOUBLES ; GÉRARDE PRÉCOCE, comme remplaçante du Cresson.

———————

3me — DIPLOTAXE. **Diplotaxis, D.** Siliq. comprimée à bec conique. Valves uninerviées.

1. D. A PETITES FEUILLES. D. **tenuifolia, D.** Sousfrutescente à la base, glaucescente : fleurs grandes. R. Terres calcaires.

2. D. DES MURAILLES. D. **muralis, D.** Pétales à limbes ronds, dépassant longuement le calice hérissé ; f. vertes. R. Terrains humides.

3. D. DES VIGNES. D. **viminea, D.** F. radicales en rosette ; pétales dépassant peu le calice. RR. Lieux cultivés.

———————

4me — VELAR. **Erysimum, L.** F. caulinaires cordées, amplexicaules. Plante couverte d'une pubescence glaucescente. F. radicales caduques.

1. V. GIROFLÉE. E. **cheirantoides, L.** F. molles : pétales jaunes à onglet ne dépassant pas les sépales. R. Terres crayeuses.

2. V. ODORANT. E. **odoratum, K.** E. **hierucifolium, L.** F. raides ; 5 pétales à onglet dépassant longuement le calice. R. Terrain calcaire.

3. V. PERFOLIÉ. E. **orientale, B.** **Brassica — L.** F. ovales ; f. jaunâtres. RR. Jardins, vignes.

———————

5ᵐᵉ — SÉNEVÉ. *Sinapis, L.* Siliq. à bec allongé ; plante un peu scabre ; f. jaunes.

1. S. DES CHAMPS. S. *arvensis, L.* F. supʳᵉˢ irrégulièrement sinuées, dentées ; graine noire. Moutarde. CCC. Les champs.

Le moyen de détruire le Sénevé est de changer les assolements.

2. S. BLANC. S. *alba, L.* Moutarde blanche. F. lyrées pinnatipartites ; bec des siliques ensiforme ; graine jaunâtre. R. Les champs.

Quelquefois cultivé pour l'usage de sa graine.

3. S. CANESCENT. S. *incana, L.* Siliques hérissées de poils réfléchis, noueuses, à bec allongé. R. Les champs.

4. S. GIROFLÉE. S. *cheiranthus, K.* Siliques glabres, subtoruleuses, à bec conique ; f. pinnatipartites. RR.

———

6ᵐᵉ — ROQUETTE. *Erucastrum, P.* Sépales latéraux un peu bossus à la base.

1. R. DE POLLICHE. E. *pollichii, S.* T. velue ; f. pinnatipartites. C. Champs des terrains crayeux.

2. R. OBTUSANGLE. E. *obtusangulum, R.* Calice à sépales étalés ; f. jaunes. RR. Jardins.

On cultive la ROQUETTE. *Eruca sativa, Lam.,* pour mettre dans la salade.

———

2ᵐᵉ SECTION. — *Fleurs de diverses couleurs dans la même famille.*

7ᵐᵉ — TOURETTE. *Turritis, D.* T. *glabra, L.* F. d'un blanc jaunâtre ; f. caulinaires amplexicaules, sagittées, glauques. R. Allées des bois

8ᵐᵉ — **CRESSON**. *Nasturtium*, **B**. Stigmate subbilobé ; valves convexes.

1. C. OFFICINAL. N. *officinale*, **B**. F. blanches ; valves à nervures dorsales. CCC. Les sources.
Salade convenable aux scrofuleux.

2. C. A F. DE BERLE. N. *siifolium*, **R**. F. à segments égaux, oblongs, atténués à la base. C. Ruisseaux profonds.

3. C. AMPHIBIE. N. *amphibium*, **B**. Pétales jaunes dépassant les sépales ; siliq. subglobuleuses. C. Les fossés humides.
Var. à longue silique elliptique, atténuée. C. Les étangs.

4. C. SAUVAGE. N. *sylvestre*, **B**. *Sisymbrium* —. **L**. Tiges couchées ; silique ord. arquée, à bec cylindrique ; f. jaune-doré. C. Endroits humides.

5. C. DES MARAIS. N. *palustre*, **D**. ♂ Pétales ne dépassant pas le calice ; f. radicales en rosette, à lobe terminal plus grand ; f. jaunes petites. C. Étangs desséchés.

————————

9ᵐᵉ — **SISYMBRE**. *Sisymbrium*, **L**. Siliques à valves convexes à trois nervures dorsales.

1. S. OFFICINAL. S. *officinale*, S. *Erysimum* —, **L**. F. jaunes ; f. hastées ou pinnatipartites ; siliq. conique appliquée sur la tige. CC. Vieux décombres, bords des chemins.

2. S. SAGE. S. *sophia*, **L**. F. petites, jaunes, à pétales plus courts que les sépales ; f. bipinnatiséquées. C. Vieux murs.

3. S. ALLIAIRE. S. *alliaria*, S. *Erysimum* —, **L**. *Alliaria off.*, **D**. F. blanches ; f. radicales réniformes cordées, les supʳᵉˢ ovales. CCC. Les bois, les prés. Odeur d'ail.

4. S. RAMEUX. S. *thalianum*, *S. Arabis* —, *L.* F. radicales obovales, atténuées en pétiole, en rosette ; f. jaunes. R. Lieux secs.

5. S. COUCHÉ. S. *supinum*, *L. Braya* —, *K.* F. blanches, petites, en grappes feuillées ; siliq. rudes, velues. C. Terrain de craie.

6. S. APRE. S. *asperum*, *L.* F. jaunes ; siliques oblongues, tuberculeuses, scabres. RRR. Lieux humides.

7. S. VELARET. S. *irio*, *L.* F. larges, à lobe terminal triangulaire, lancéolé ; f. petites, jaunes, pédonculées ; siliq. linéaires un peu toruleuses. RR. Les cours, etc.

10me — CHOU. *Brassica*, *L.* Plante glaucescente ; f. presque en panicule ; f. caulinaires sessiles ; siliq. subcylindrique ; graine globuleuse.

1. C. MOUTARDE. B. *nigra*, *K. Sinapis*—, *L.* ● F. pétiolées, les inf^{res} lyrées, pinnatifides, à lobe terminal grand ; les sup^{res} lancéolées ; f. jaunes. CC. Les champs.

C'est ce Chou qui fournit la graine de moutarde qui, pulvérisée, constitue la farine de moutarde, qui, délayée dans du vinaigre avec du sel, du poivre et un peu de farine de seigle, forme la moutarde condiment, ou, simplement délayée dans de l'eau fraîche, fait le sinapisme, usité comme rubéfiant de la peau.

2. C. POTAGER. B. *oleracea*, *L.* A f. jaunes ou blanches. Cultivé partout, et ses variétés :

3. C. COMMUN. B. *acephala*, *L.*, à tige allongée sans pommer.

4. C. VERT, à f. vertes glaucescentes. Ç. MILAN. B. *bullata*, *D.*

5. C. RAMEUX OU CAVALIER, très-élevé.

6. C. ROUGE. B. *rubra*, à f. d'un rouge vineux.

7. C. DE BRUXELLES, à bourgeons axillaires très-développés.

8. C. FRISÉ, B. *crispa*, à f. frisées.

9. C. POMMÉ, B. *capitata*, blanc verdâtre, tige courte. Chou cabus, Chou pommé, Chou d'York.

10. C. RAVE, B. *caulorapa*, à racine en rave.

11. C. FLEUR, B. *botrytis*, à rameaux et pédoncules charnus.

12. C. NAVET, B. *napus*, à f. jaunes. Rutabaga, et ses variétés.

13. C. COLZA. B. *oleifera*. Cultivé pour la graine oléagineuse.

14. C. RAVE, B. *rapa*. Les navettes, bisannuelles et annuelles.

15. C. NAVETTE, B. *napus arvensis*.

11me — RADIS DES CHAMPS. *Raphanus raphanistrum, L.* Pétales blancs, souvent veinés, quelquefois jaunes ; f. inf[res] lyrées, pinnatipartites. les sup[res] oblongues, dentées. CCC. Les champs.

Les RADIS CULTIVÉS. R. *sativus, L.* ♂, ◉ Quelquefois subspontané. 1re var. PETITS RADIS ; 2me var. RADIS NOIRS, GRIS OU BLANCS. R. *niger, M.* A racine conique.

12me — ARABETTE. *Arabis, L.* F. très-petites, blanches ou violettes ; siliq. linéaire comprimée.

1. A. SAGITTÉE. A. *sagittata, D.* F. caulinaires sagittées, embrassantes. Assez C. Bois des terrains calcaires.

2. A. ARÉNEUSE. A. *arenosa, S. Sisymbrium —,*

L. F. inf^res lyrées, pinnatipartites, les caulinaires atténuées. F. blanches ou rosées. Pas C. Partie desséchée des marais.

———

13me — CARDAMINE. *Cardamine, L.* F. pinnatiséquées; f. blanches; siliques sans nervures.

1. C. DES PRÉS. C. *pratensis, L.* F. ord. lilas: pétales 2 ou 3 fois plus longs que les sépales. CCC. Prés.

2. C. AMÈRE. C. *amara, L.* F. grandes, blanches; f. à segments obovales anguleux, dentés. RR. Bords des ruisseaux.

3. C. IMPATIENTE. C. *impatiens, L.* F. petites: f. caulinaires à pétiole auriculé, embrassant. RR. Dans les roches.

4. C. HÉRISSÉE. C. *hirsuta, L.* F. radicales en rosettes, à 3 ou 4 paires de segments suborbiculaires; f. petites. R. Bords des ruisseaux. Avril.

———

14me — JULIENNE. *Hesperis, L.* Stigmate à 2 lamelles.

1. J. INODORE. H. *inodora, L.* F. lilas pâle, petites, pédonculées, en épis lâches; f. ovales. velues. RR. Champs cultivés.

Dans les jardins : H. *matronalis, L.*
1° La JULIENNE à f. subsessiles, petite Julienne à f. blanches.
2° — à f. pédonculées, grande Julienne à f. un peu lilas.
3° — à f. violet-rougeâtre, plus grande plante.
4° — ou Giroflée de Mahon, *Malcomia maritima*, à f. lilas.

———

2me *Fraction.* — **SILICULEUSES.**

1re Section. — *F. blanches ; silicules déhiscentes.*

1re *Famille.* DRAVE PRINTANIÈRE. *Draba verna, L.* ⊙ F. très-petites ; f. en rosettes spatulées, poilues, bi-trifides. CCC. Sables, murs.

2me — RAIFORT COCHLÉARIA. *Cochlearia armoracia, L.* A larges et longues feuilles pétiolées, à goût de moutarde. Assez C. surtout dans les jardins.

On cultive le Cochléaria officinal dans quelques jardins.

3me — TABOURET. *Thlaspi, Di.* Silicule obovale, échancrée au sommet ; valves ailées, membraneuses.

1. T. des champs. T. *arvense, L.* F. à odeur d'ail, les caulinaires sagittées. CC. Terre argilo-calcaire.

2. T. perfolié. T. *perfoliatum, L.* F. épaisses, les caulinaires cordées. CC. Terrain crétacé.

4me — IBÉRIDE AMÈRE. *Iberis amara, L.* ◉ Pétales blancs, les extérieurs plus grands. F. en grappes corymbiformes. CCC. Terrain calcaire crétacé.

Dans les parterres :
Le Téraspic d'été. *Iberis umbellata.*
   — d'hiver. *Iberis semperflorens.* Sous-frutescent.
   — toujours vert. *Iberis sempervirens.*

5me — BOURSE A PASTEUR. *Capsella bursa pastoris, M. Thlaspi —, L.* Silicule triangulaire

obcordée ; f. radicales en rosette, lyrées. les supérieures sagittées. CCC.

6me — PASSERAGE. *Lepidium, L.* F. petites en
grappes terminales ; silicules entières.

1. P. DES CHAMPS. L. *campestre,* **B.** *Thlaspi* —,
L. ♂ F. pubescentes, grisâtres, les radicales en rosette, les sup^res sagittées. C. Champs cultivés.

2. P. A LARGES FEUILLES. L. *latifolium, L.* F.
ovales oblongues, à pétiole long et canaliculé. C.
par places près des habitations.

3. P. DES DÉCOMBRES. L. *ruderale, L.* F. inf^res
pinnatifides, les sup^res linéaires ; f. très-petites,
quelquefois sans pétales. RR. Décombres.

4. P. DRAVE. L. *draba, L.* F. caulinaires amplexicaules, sagittées ; silicules subdidymes cordées. RR. Bords des chemins.

5. P. PUSILLE. L. *petræum, L.* Rameaux paraiss-
sant couchés ; f. pinnées. RRR. Lieux pierreux.
au nord-ouest.

Cultivé sous le nom de CRESSON ALENOIS. L.'*sativum, L.* Les Passerages ont le goût des plus fortes
moutardes.

2me SECTION. — *Fleurs jaunes ; silicules déhiscentes.*

7me — ALYSSON. *Alyssum, L.* Etamines à appendices basilaires ; valves convexes au centre,
planes au bord.

1. A. CALYCIN. A. *calycinum, L.* ⊙ F. d'un jaune
blanchâtre. tiges en touffe, feuilles blanchâtres.
CC. Lieux secs calcaires.

2. A. DE MONTAGNE. A. *montanum, L.* F. d'un
beau jaune ; calice caduc. RR.

La Corbeille d'or, **A.** *saxatile*, **L.**, l'Alysson lilas, **A.** *deltoïdum*. se cultivent pour la beauté de leurs fleurs.

8me — CAMELINE. *Camelina*, **C.** F. caulinaires amplexicaules, sagittées.

1. C. cultivée. C. *sativa*, *C. Myagrum* — **L.** Tige rude; silicule pyriforme. C. Champs du terrain de craie.

2. C. velue. C. *sylvestris*, **W.** T. et f. velues; silicules obovales grises. Assez C. Terrain de craie. Juin.

5. C. dentée. C. *dentata*, **P.** F. caulinaires oblongues, sinuées, dentées, atténuées à la base, puis élargies et sagittées. R. Champs vers le nord.

La Cameline est quelquefois cultivée pour sa graine oléagineuse.

3me Section. — *Fleurs blanches ; silicules indéhiscentes.*

9me — AMBROISIE. *Senebiera*, **P.** Silicules réniformes à la base ; f. petites, en petites panicules opposées aux feuilles.

1. A. corne de cerf. S. *coronopus*, *P. Cochlearia* — **L.** F. épaisses, pinnatipartites, à lobes linéaires. C. Rues des villages.

2. A. pinnée. S. *pinnatifida*, **D.** T. et f. velues, hérissées. RRR. Décombres, fossés et bords des chemins.

10me — CALEPINE DES CORBEAUX. *Calepina corvini*. ⓒ Silicule ovoïde, terminée en pointe épaisse; f. inf[res] en rosette, lyrées, sinuées, à lobe terminal large; les caulinaires oblongues, sagittées. C. Terrains crétacés.

4ᵐᵉ Section. — *F. jaunes ; silicules indéhiscentes*.

11ᵐᵉ —- PASTEL. *Isatis, L.* Silicules oblongues, aplanies ; f., les radicales atténuées en long pétiole, les caulinaires sagittées.

1. P. des teinturiers. I. *tinctoria, L.* T. à rameaux corymbiformes. C. Terrain de craie.

2. P. hérissé. I. *hirsuta, Lam.* T. et f. velues, hérissées. C. Terrain de craie.

Les feuilles de Pastel donnent par la fermentation une fécule d'un beau bleu employée dans la teinture.

12ᵐᵉ — NESLIE PANICULÉE. *Neslia paniculata, D.* F. en épis grêles ; f., les caulinaires sagittées, à oreillettes aiguës : silicules à parois presque ligneuses. C. Moissons du terrain de craie.

11ᵐᵉ Tribu. — MONOTROPÉES, N.

Plante décolorée, blanchâtre, charnue ; des écailles au lieu de feuilles ; parasite sur les racines d'arbres.

SUCEPIN PARASITE. *Monotropa hypopitys, L.* F. de même couleur que la plante, en épi unilatéral. C. Bois à l'ombre.

12ᵐᵉ Tribu. — VIOLACÉES, J.

F. solitaires, penchées, munies de 2 bractées.

1ʳᵉ *Famille.* VIOLETTE. *Viola, L.* 5 pétales, l'infʳ prolongé en éperon.

1. V. hérissée. V. *hirta, L.* F. inodores, pâles, à éperon bleuâtre, acaule. CCC. Les bois, les haies.

2. V. ODORANTE. *V. odorata*, **L**. Acaule ; f. odorantes ; stolons radicants. CC. Les jardins, vergers. F. violettes, pâles, blanches, doubles.

3. V. DES BOIS. *V. sylvestris*, *Lam*. Tiges florifères naissant au-dessus d'une rosette centrale de feuilles. C. Bois, etc.

4. V. CANINE. *V. canina*, **L**. Souche ne donnant pas naissance à des rosettes de feuilles, mais à des tiges florifères ; éperon blanchâtre. CC. Bois.

1^{re}var. VULGAIRE. *Lucorum,* **R**. F. un peu cordées.

2me var. DES BRUYÈRES. *Erictorum,* **R**. Petite espèce. Pâtis.

3me var. CALCAIRE. F. petites, pâles.

5. V. DES PRÉS. *V. elatior,* **F**. F. à long pétiole, cordées, acuminées. R. Prés tourbeux.

6. V. DES MARAIS. *V. palustris,* **L**. Acaule ; pétale inf^r marqué de lignes violettes ; éperon court. R. Marais.

7. V. ADMIRABLE. *V. mirabilis,* **L**. F. pétalées à pédoncules radicaux ; puis f. axillaires sans pétales et fertiles. RRR. Les g. bois montagneux.

8. V. PENSÉE. *V. arvensis.* Pétales jaunâtres, blanchâtres, tachés de violet. CC. Les champs, les jardins.

On cultive dans les jardins un grand nombre de variétés de PENSÉES, *Viola tricolor, Melanium* —, à g. fleurs.

Les violettes sont purgatives.

13me Tribu. — CISTINÉES.

Sépales et pétales à préfloraison contournés en sens inverse.

HÉLIANTHÈME. *Helianthemum, T*. Calice à 5 sépales, les deux extérieurs plus petits.

1. H. VULGAIRE. H. *vulgare, S. Cistus* H., *L.* F. jaunes en grappes pauciflores; f. à stipules. C. Bords des bois à terrain crayeux.

2. H. OBSCUR. H. *obscurum, P.* F. vertes sur les deux faces. R. Bois.

3. H. A FEUILLES DE BRUYÈRE. H. *fumana, M.* F. jaunes, subsolitaires, point de stipules. RR. Bois, coteaux calcaires.

4. H. OMBELLÉ. H. *umbellatum, M.* F. blanches en ombelle terminale. RR. Bois.

5. H. TACHÉ. H. *guttatum, M.* ⊛ F. jaunes : stipules foliacés. RR. Champs.

14me Tribu. — GÉRANIÉES, J.

Tiges dichotomes; f. à stipules membraneux.

1ra *Famille.* GÉRANIUM. *Geranium, T.* Capsules à 5 coques, munies d'un long bec qui se détache avec élasticité.

1re SECTION. — *Pétales entiers et glabres.*

1. G. A ROBERT. G. *Robertianum, L.* ⊛ F. palmatiséquées à segment moyen longuement pétiolé; f. purpurines striées. CCC.

2. G. A F. RONDES. G. *rotundifolium, L.* ⊛ F. roses ; pédoncules plus courts que les pétioles. CCC. Lieux cultivés.

2me SECTION.—*Pétales émarginés, échancrés ou bifides.*

3. G. MOLLET. G. *molle, L.* Tiges à longs poils; f. roses à pétales bifides. CCC. Lieux secs.

4. G. COLOMBIN. G. *columbinum, L.* ⊛ F. purpurines striées; pétales émarginés pas plus longs que les sépales. CCC. Lieux cultivés.

5. G. DISSÉQUÉ. G. *dissectum, L.* ◉ F. petites, purpurines; pédoncules pas plus longs que les feuilles. CCC. Prés, vignes.

6. G. DÉLICAT. G. *pusillum, L.* ◉ F. roses violacées ; pétales bifides plus longs que les sépales. C. Bords des chemins.

7. G. SANGUIN. G. *sanguineum, L.* Pétales deux fois plus longs que les sépales, purpurins passant au violet. R. Bois, buissons.

8. G. DES PYRÉNÉES. G. *pyrenaicum, L.* F. roselilas, quelquefois blanches ; f. sup^{res} sessiles ; pétales bifides. RR. Voisin des habitations.

9. G. LUISANT. G. *lucidum, L.* F. roses, petites ; pétales entiers ; calice ridé transversalement. glabre. RR. Lieux pierreux.

10. G. DES BOIS. G. *sylvaticum, L.* F. grandes d'un pourpre-violet ; pédoncules biflores ; sépales munis d'une longue arête. RR. Partie nord.

Les Géranium, ou Bec-de-Grue, sont astringents. Quantité d'espèces de Géranium ornent nos jardins.

2me — ÉRODE. *Erodium, L.* Sur 10 étamines, 5 plus courtes et élargies sont dépourvues d'anthères.

1. E. CICUTAIRE. E. *cicutarium, Th.* F. étalées en rosette étendue; f. odorantes, roses. à pédoncules pluriflores. CC. Les champs.

2. E. MACULÉ. E. *maculatum, K.* E. *pimpinellæfolium, D.* Pétale sup^r à tache bleuâtre. CC.

15me Tribu. — LINÉES.

F. régulières de diverses couleurs ; f. petites, sessiles; pétales caducs à préfloraison contournés.

1. LIN PURGATIF. *Linum catharticum, L.* ◉

F. blanches, petites, en cyme, à pédicelles allongés. C. Champs crayeux.

2. L. DUR. L. *tenuifolium*, *L.* F. grandes, d'un rose lilas ; f. nombreuses ; tige dure. C. Coteaux calcaires crayeux.

3. L. A F. AIGUES. L. *angustifolium*, *H.* F. bleuâtres subpaniculées ; sépales un peu membraneux. Assez C. Bords des chemins.

4. L. DE MONTAGNE. L. *montanum*, *S.* F. bleues en grappes, unilatérales ; pétales trois fois plus longs que les sépales. R. Coteaux crayeux.

On cultive le LIN USITÉ, L. *usitatissimum*, *L.*, et dans les parterres, le LIN VIVACE à f. d'un beau bleu.

2me — RADIOLE LINIÈRE. *Radiola linoides, G.* Calice 4 divisions bitrifides ; f. à 4 petits pétales blancs. RRR. Allées des bois.

4me SUBDIVISION.

Calice à sépales soudés entre eux.

16me Tribu. — CARYOPHYLLÉES, J.

Tiges à articulations renflées, pétales à onglet allongé.

1re *Fraction.* — STELLARIÉES.

5 *pétales bifides.*

1re *Famille.* STELLAIRE. *Stellaria, L.* Sépales soudés à la base ; pétales blancs, quelquefois roses, à onglet court.

1. S. DES OISEAUX. S. *media, S.* Alsine —, *L.* ⊕ Mouron des oiseaux. Ligne de poils courts sur

l'une des faces des tiges. CCC. Vignes, jardins
Supplice des vignerons paresseux.

2. S. HOLOSTÉE. S. *holostea*, *L*. F. vertes, un
peu scabres ; bractées herbacées, ciliées. CC. Les
bois herbeux.

3. S. GRAMINÉE. S. *graminea*, *L*. F. coriaces, sessiles, linéaires, scabres, ainsi que les bractées ciliées. C. Bords des étangs.

4. S. GLAUQUE. S. *glauca*, *W*. F. glauques,
lisses ; bractées scarieuses. R. Marais tourbeux.

5. S. AQUATIQUE. S. *aquatica*, *P*. F. en cymes
latérales, pétales bipartites plus courts que les sépales. R. Flaques d'eau des bois.

2me — HOLOSTE OMBELLÉ. *Holosteum umbellatum*. *L*. Tiges glaucescentes, ne portant que 2 ou
3 paires de feuilles ; f. blanches, en ombelle. C.
Les murs, etc.

3me — SABLINE. *Arenaria*. *L*. 4 à 5 pétales entiers, blancs ; 10 étamines sur deux rangs.

1. S. A F. DE SERPOLET. A. *serpyllifolia*, *L*. ⊛
Sépales à bords scarieux, plus longs que les pétales.
CCC. Champs pierreux, bois.

2. S. TRINERVÉE. A. *trinervia*. *L*. ⚭ F. pédonculées, solitaires ; f. ovales, trinervées. CCC. Jeunes
taillis

4me — ALSINE. *Alsina*, *W*. F. en cyme dichotome terminale, en grappes unilatérales feuillées.

1. A. BLANCHE. A. *tenuifolia*, *W*. *Arenaria* —,
L. ⚭ Tiges rameuses, subulées ; pédicelles longs.
CCC. Champs de seigle.

2. A. ROUGE. A. *rubra*, *W*. *Arenaria* —, *L*.

f. épaisses ; stipules soudés ; f. en grappes unilatérales feuillées. R. Bords des eaux.

3. A. SETACÉE. *A. setacea, K.* ③ Souche très-rameuse ; pétales blancs plus longs que le calice. RR. Vieux murs.

5ᵐᵉ — SPARGOUTE. *Spergula arvensis, L.* 5 pétales entiers ; f. paraissant verticillées et présentant un sillon à la face infᵉ. CC. Champs sablonneux.

S. PENTANDRIQUE. *S. pentandra, L.* ⊛ F. verticillées, souvent unilatérales ; stipules membraneuses. R. Les champs.

6ᵐᵉ — SAGINE. *Sagina, L.* 4 ou 5 pétales entiers, quelquefois nuls ; f. connées à la base, dépourvues de stipules.

1. S. COUCHÉE *S. procumbens, L.* ⊛ Tiges diffuses filiformes ; pédicelles se recourbant en crochet à la floraison. CC. Champs humides, bois.

2. S. APÉTALE. *S. apetala, L.* F. ciliées subulées; 4 sépales longs. R., mais C. dans quelques localités sablonneuses.

3. S. NOUEUSE. *S. nodosa, M. Spergula —. L.* 5 pétales une fois plus longs que les sépales ; f. filiformes. RR. Marais.
Var. *Pubescens, K.*, à poils courts glanduleux. RR.

7ᵐᵉ — CÉRAISTE. *Cerastium, L.* 5 ou 4 pétales blancs, bifides, rarement entiers.

1. C. VULGAIRE. *C. vulgatum, L.* Pétales de la longueur des sépales ; f. ovales, ciliées. CCC.

2. C. DES CHAMPS. *C. arvense, L.* ⚥ Pétales blancs une ou deux fois plus longs que les sépales,

scarieux ; f. linéaires. Mai. CCC. Bords des vignes.

3. C. GLUTINEUX. C. *glutinosum*, *F*. Tiges à poils glutineux ; f. ovales, obtuses, sépales plus longs que les pétales. Mai. CCC. Bords des chemins.

4. C. GLOMÉRÉ. C. *glomeratum*, *Th*. C. *viscosum*, *L*. Sépales très-aigus. couverts de longs poils noirs glutineux dépassant les pétales. CCC. Prés secs calcaires.

5. C. AQUATIQUE. C. *aquaticum*, *L*. ♃ F. nombreuses en cyme feuillée ; pétales bipartites. Août. Assez C. Bords des eaux.

6. C. POILU. C. *brachypetalum*, *Des*. ◉ Couvert de longs poils soyeux ; pédicelles dépassant longuement les bractées. R. Lieux secs et sablonneux.

7. C. DRESSÉ. C. *erectum*, *C*. et *G*. *Sagina* —, *L*. ◉ F. terminales solitaires ; pétales blancs entiers. R. Terres humides.

8. C. PELLUCIDE. C. *pellucidum*, *Ch*. 5 étamines ; f. ovales brusquement acuminées. C. *semi-decandrum*, *L*. R. Lieux secs.

Le CÉRAISTE TOMENTEUX est dans les jardins.

2me *Fraction*. — **DIANTHÉES , SILENÉES, *D*.**

Pétales à onglet long, calice tubuleux.

1re *Famille*. GYPSOPHILE DES ALLUVIONS. *Gypsophila muralis*, *L*. ◉ Calice campanulé ; pétales à onglet court, roses, striés. R. Les champs. Août.

Dans les parterres, le GYPSOPHILE ÉLÉGANT, à f. blanches.

2me — OEILLET. *Dianthus, L. Caryophyllus, T* Calice entouré à la base de bractées imbriquées, ord. scarieuses.

1. OE. VELU. D. *armeria, L.* ⊛ F. purpurines, involucre à deux folioles linéaires, aiguës, velues, ainsi que les calicules. C. Les pelouses des bois.

2. OE. PROLIFÈRE. D. *prolifer, L.* Involucre et calicule à écailles ovales, glabres, dépassant le calice; f. petites rose-pâle; f. linéaires. C. Lieux secs.

3. OE. DES CHARTREUX. D. *carthusianorum, L.* ♃ Inv. à 2 folioles oblongues aristées, moins longues que le calice; calicules à écailles nombreuses aristées, de la moitié de la longueur du calice, rougeâtres ou brunâtres. C. Collines sèches.

4. OE. COUCHÉ. D. *supinus, Lam.* D. *deltoides, L.* Tiges scabres; f. purpurines ponctuées. RR Bois sablonneux.

5. OE. FRANGÉ. D. *superbus, L.* Pétales divisés en lanières multifides, hérissés de poils rouges au-dessus de l'onglet. RR. Marais.

Dans les jardins, *Dianthus caryophyllus, L.*, sous diverses variétés : la MIGNARDISE, D. *plumasius, L.*; la MIGNOTIS, D. *cæsius, L.*, en font l'ornement. Celle-ci très-C.

3me — SAPONAIRE. *Saponaria, L.* Calice dépourvu de calicule.

1. S. OFFICINALE. S. *officinalis, L.* Tige élevée, f. à 3 nervures; f. blanc-rosées. C. Terrain sablonneux.

2. S. ROUGE. S. *rubra, Lam.* S. *vaccaria, L.* ⊛ Calice 5 angles, ventru, membraneux. C. Les moissons.

La Saponaire remplace le savon. En décoction, on l'ordonne contre les indurations

4me — SILÈNE. *Silene , L.* Style 3, capsules s'ouvrant au sommet en 6 valves.

1. S. ENFLÉ. S. *inflata, S. Cucubalus behen, L.* Calice vésiculeux. CCC. Champs calcaires et sablonneux.

2. S. PENCHÉ. S. *nutans, L.* F. d'un blanc sale, en panicule penchée ; pétales bifides. RR. Terrains sablonneux. Mai.

3. S. CONIQUE. S. *conica, L.* ⚘ Calice conique à dents longues subulées, striées ; f. roses. RR. Champs sablonneux.

4. S. NOCTIFLORE. S. *noctiflora, L.* ⚘ Calice oblong. subclaviforme, à 10 côtes ; f. rosées, axillaires des rameaux. RR. Champs.

5. S. DE FRANCE. S. *Gallica, L.* ⚘ F. en grappes simples. ord. unilatérales ; pétales rosâtres, entiers et à écailles. R. Les champs.

6. S. PARVIFLORE. S. *otites.* F. dioïques ou polygames ; pétales linéaires d'un blanc jaunâtre, en panicule terminale. RR. Les sables.

Dans les parterres. les SILÈNES FASCICULÉS, S. *armeria, L.* ; visqueux, S. *bipartites, D.* ; le CATHOLIQUE, S. *catholica, O.*

5me — LYCHNIDE. *Lychnis, T.* 5 styles ; capsules s'ouvrant au sommet par 5 ou 10 valves. les 5 quelquefois bifides.

1. L. FLEUR DE COUCOU. L. *floscuculi, L.* F. roses purpurines ; pétales divisés en 4 lanières ; capsules sessiles. C. Les bois, prés. R. à fleurs blanches. Les jardins. à f. doubles.

2. L. DES BLÉS. L. *segetum, Lam.* *Agrostemma*

githago, *L*. F. grandes, d'un rouge violet, veinées ; calice à divisions linéaires dépassant les pétales. CCC. Sa graine donne de la farine qui ne nuit pas au pain.

3. L. DU SOIR. L. *vespertina*, *S*. L. *dioica*, *B*..L. F. blanches ; calice vert ; capsules à 10 valves dressées. CCC. Champs, bois. Juillet.

4. L. DU MATIN. L. *diurna*, *S*. L. *dioica*, *A*..L. F. rouges ; capsules desséchées. à dents roulées en dehors. R. Prairies et bois humides.

COMPAGNON ROUGE. à feuilles doubles. dans les jardins ; comme aussi la BOURBONNAISE. *Lychnis viscaria*, *L*., à f. doubles ; la CROIX DE JÉRUSALEM. L. *Chalcedonica*, *L*.; la COQUELOURDE, L. *coronaria*, *L*., devenue subspontanée.

6ᵐᵉ — CUCUBALE. *Cucubalus baccifer*. L. F. blanc-verdâtre ; capsules bacciformes indéhiscentes. noires. luisantes. RRR.

17ᵐᵉ Tribu. — MALVACÉES, J.

Plantes à suc mucilagineux, à capsules disposées en plateau, à carpelles nombreux.

1ʳᵉ *Famille*. MAUVE. *Malva*, *L*. Calice muni d'un calicule à 3 folioles. Monadelphe polyandre.

1. M. PETITE. M. *rotundifolia*, *L*. Pétales blanc-rosé deux fois plus longs que le calice. CCC.

2. M. GRANDE. M. *sylvestris*, *L*. Pétales purpurins trois fois plus longs que le calice. CCC.

3. M. ALCÉE. M. *Alcea*, *L*. Pétales roses passant au lilas, quatre fois plus longs que le calice : tige élevée. Pas C. Bois montueux.

4. M. MUSQUÉE. M. *moschata*, *L*. Pétales lilas; calicule à folioles linéaires; tige rude ; f. radicales
réniformes incisées, les caulinaires palmatiséquées; f. solitaires axillaires. C.

Dans les jardins, la MAUVE FRISÉE, M. *crispa*, *L*.

———

2ᵐᵉ — GUIMAUVE VELUE. *Althœa hirsuta*, *L*. ⊛
Calicule à 6 ou 9 folioles soudées inférieurement ;
calice vert, à divisions linéaires hérissées, ciliées,
ainsi que toute la plante ; f. solitaires axillaires.
R. Bois et coteaux argilo-calcaires.

La GUIMAUVE des jardins, *Althœa off.*, *L.*, dans
tous les jardins, ainsi que le BATON ROYAL, *Alcea
rosea*, *L*.; la *Lavatera trimestris*, *L*.; l'*Althœa* ou
KETMIE, arbrisseau à f. blanches ou roses ; *Hybis-
cus syriacus*, *L*.

═══

18ᵐᵉ Tribu. — HYPÉRICÉES.

F. opposées, à nervures souvent transparentes,
ponctuées de glandes transparentes ; f. jaunes à
pétales souvent bordés de points glanduleux
noirs.

———

Famille. MILLEPERTUIS. *Hypericum*. T. Capsules déhiscentes ; f. subsessiles entières.

1. M. PERFORÉ. H. *perforatum*, *L*. F. en panicule terminale multiflore. CCC. Bois-taillis.

2. M. A F. ÉTROITES. H. *angustifolium*, *K.*, *D.*,
Lamb. F. linéaires à points transparents larges.
RR. Bois.

3. M. VELU. H. *hirsutum*, *L*. Tige presque tomenteuse. CCC.

4. M. ÉLÉGANT. H. *pulchrum*, *L*. Plante colorée
en rouge ; f. amplexicaules. CC. Les bois.

5. **M. couché.** H. *humifusum, L.* Tiges couchées, filiformes ; f. rares. R. Bords des bois.

6. **M. carré.** H. *quadrangulare, L.* Tiges à entre-nœuds offrant 4 lignes presque membraneuses. R. Prés, bois.

7. **M. des montagnes.** H. *montanum. L.* Sépales lancéolés bordés de glandes noires stipitées. RR. Bois montagneux.

Var. **Scabre.** *Scabrum, K.* Pas C.

Les **Millepertuis** à grandes fleurs, à odeur de bouc, à f. de Kalmia, sous-frutescents, se voient dans les jardins.

19ᵐᵉ Tribu. — RÉSÉDACÉES.

F. jaunâtres ou blanchâtres, en grappes spiciformes terminales.

1ʳᵉ Famille. GAUDE DES TEINTURIERS. *Luteola tinctoria, W. Reseda luteola, L.* Tige élevée, anguleuse ; 4 sépales ; étamines arquées. CCC. Lieux incultes.

Toute la plante donne une couleur jaune.

2ᵐᵉ — RÉSÉDA. *Reseda, L.* Calice à 6 divisions anthères bilobées.

1. **R. jaune.** R. *lutea, L.* ● F. jaunâtres en grappes ; f. caulinaires pinnatipartites. CCC. Terrain calcaire crayeux.

2. **R. calicinier.** R. *calicinalis, Lam.* R. *phyteuma, L.* ● F. blanches ; f. entières quelquefois trifides ; calice à divisions devenant foliacées. C. Champs de craie.

Dans les jardins, le **Réséda odorant.**

20ᵐᵉ Tribu. — DROSERACÉES, D.

F. en rosette radicale, pétiolées; f. blanches en grappes spiciformes ou solitaires terminales. Plantes marécageuses.

1ʳᵉ *Famille*. PARNASSIE DES MARAIS. *Parnassia palustris*, *T.*, *L.* F. assez grandes. solitaires, terminales ; f. aussi solitaire sur la même tige. C. Terrains crayeux.

2ᵐᵉ — ROSSOLIS. *Drosera*, *L.* F. petites en grappes unilatérales dressées. roulées en crosse avant la floraison.

1. R. A F. RONDES. D. *rotundifolia*, *L.* F. à limbe orbiculaire brusquement rétrécie en pétiole. RR. Parmi la tourbette.

2. R. A F. LONGUES. D. *longifolia*, *L.* F. dressées, à limbe oblong. insensiblement atténuées en pétiole. Juillet. R. Parmi la tourbette.

3. R. COUDÉ. D. *intermedia*, *H.* Tige coudée à la base ; f. à limbe obovale. Juillet. RRR. Marais.

21ᵐᵉ Tribu. — OXALIDÉES, D.

Plante à suc acide ; f. trifoliées à folioles obcordées. se pliant et se réfléchissant sur le pétiole pendant la nuit ou les temps humides.

Famille*. OXALIDE ou ALLELUIA. *Oxalis acetosella*, *L. F. blanche à 5 pétales sur un pédoncule radical uniflore ; f. radicales. acides. C. Dans les forêts. à l'ombre. *Oxys*, *T.* Surelle.

L'OXALIDE JAUNE. O. *stricta*, *L.*, a été trouvée subspontanée. La RUE. *Ruta graveolens*, *L.*,

plante voisine de cette tribu, se rencontre dans les
jardins. Poison âcre.

22ᵐᵉ Tribu. — ÉVONYMÉES.

Arbres peu élevés, à f. petites, blanchâtres, à capsule cartilagineuse ; graine à arille charnu coloré ; la capsule 3 à 5 lobes.

Famille. FUSAIN D'EUROPE. *Evonymus Europœus*, *L.* Bonnet carré ; capsules roses à la maturité. C. Les bois, les haies.

Le FUSAIN VERRUQUEUX, E. *verrucosus*, *L.*. est
dans les bosquets, ainsi que le FAUX PISTACHIER.
Staphylea pinnata. Nez coupé.

23ᵐᵉ Tribu. — ACÉRÉES.

Arbres à sève sucrée , à f. palmatilobées ou palmatiséquées ; fruit à 2 coques, celles-ci à ailes membraneuses, à duvet laineux en dedans.

Famille. ÉRABLE. *Acer, T.* Polygame. F. vertes
se développant en même temps que les feuilles.

1. E. COMMUN. A. *campestre*, *L.* A écorce cre-
vassée ; f. en corymbe ; f. à lobes obtus entiers.
CCC. Bois, haies.

2. E. SYCOMORE. A. *pseudo-platanus*, *L.* F. en
grappes pendantes vertes ; f. blanches en dessous.
à 5 divisions crénelées. R. Bois montueux du nord.

3. E. PLANE. A. *platanoides*, *L.* F. à lobes
aigus, dentées, vertes ; f. jaunes en grappes courtes.
RR. Forêts montagneuses.

Dans les parcs :
L'ÉRABLE DE MONTPELLIER, *Acer trifolium*, *T.* ;
les ÉRABLES A F. PANACHÉES, LACINIÉES, DE CRÈTE.

DE VIRGINIE, A BOIS JASPÉ, DE PENSYLVANIE, A SUCRE.

Le *Negundo fraxinifolium*, **A.** *opulifolium*.

LE MARRONNIER D'INDE, *Æsculus hippocastanum*, **L**.

Le PAVIER ROUGE, *Pavia rubra*. Allées et parcs.

La VIGNE VIERGE, *Cissus quinquefolia*, **H**., et enfin la VIGNE A VIN, *Vitis vinifera*, se cultive sous une trentaine d'espèces ou variétés.

3me Division. — Les Corollées.

MONOPÉTALES, GAMOPÉTALES.

La corolle, enveloppe immédiate des organes de la génération, constituée par une seule pièce, qui est la corolle, remplaçant les pétales chez toutes les plantes de cette division.

1re SUBDIVISION.

Corolle insérée sur le réceptacle, étamines insérées sur la corolle.

1re SECTION. — *Corolle irrégulière.*

1re Tribu. — GLOBULARIÉES.

F. akène renfermé dans le calice.

Famille. GLOBULAIRE. *Globularia*, **L**. Corolle bilabiée, tubuleuse ; f. en rosette, à bordure transparente.

G. COMMUNE. G. *vulgaris*, **L**. F. bleues en capitules globuleux. C. Coteaux calcaires.

2me Tribu. — VERBENACÉES.

f. petites. bleuâtres. axillaires. subsessiles. en
épis effilés.

Famille. VERVEINE OFFICINALE. *Verbena officinalis*, *L*. Calice et corolle tubuleux, un peu bilabiés ; f. opposées. CCC.

Dans les jardins : les *Verbena odorata, venosa.
pulchella. Aubletia*, etc.

5me Tribu. — LABIÉES.

Corolle bilabiée ; tiges tétragones ; feuilles
opposées.

1re *Fraction*.

*Corolle unilabiée, la lèvre supérieure n'étant que rudi-
mentaire, ou bipartite à lobes rejetés latéralement vers
la lèvre inférieure, dont ils semblent faire partie.*

1re *Famille*. BUGLE. *Ajuga, L. Bugula, T*
Lèvre supérieure rudimentaire bilobée.

1. B. RAMPANTE. A. *reptans, L.* Tiges ou rejets
stériles, couchés, radicants, nombreux ; f. bleues,
rarement roses ou blanches. CCC. Lieux humides.

2. B. SUISSE. A. *genevensis, L.* Tiges toutes flo-
rifères, velues ; f. bleues, roses ou blanches. C.
Coteaux crayeux, sablonneux.
Var. à f. roses, plus petite.

5. B. PYRAMIDALE. A. *pyramidalis, D.* Bractées
grandes et crénelées ; f. bleue-rougeâtre. RR. Coteaux sablonneux, bois.

4. B. YVETTE. A. *chamæpitys, S. Teucrium*—. *L*
F. jaunes ; f. tripartites. C. Moissons.

2ᵐᵉ — GERMANDRÉE. *Teucrium*. *L*. Lèvre supérieure bipartite, à lobes rejetés latéralement vers la lèvre inférieure.

1. G. DES BOIS. T. *scorodonia*, *L*. F. jaunâtres sales, unilatérales, en grappes spiciformes terminales effilées, seule ou plusieurs formant une panicule. CCC. Bois.

2. G. BOTRIDE. T. *botrys*, *L*. ⊛ F. purpurines, pédicellées, en fascicules axillaires 2 ou 3 flores ; f. pinnatipartites. C. Champs.

3. G. DES MONTAGNES. T. *montanum*, *L*. F. blanc-jaunâtre en tête terminale ; f. entières. C. Plaines crayeuses, etc.

4. G. OFFICINALE. T. *chamædrys*, *L*. Petit chêne. F. pétiolées, dentées, un peu coriaces ; f. roses, rarement blanches. C. Coteaux calcaires.

5. G. AQUATIQUE. T. *scordium*, *L*. F. purpurines ou violacées ; f. dentées, sessiles, à odeur agréable. C. Marais sur la craie.

2ᵐᵉ Fraction.

Corolle et calice bilabiés.

1ʳᵉ *Famille.* BRUNELLE. *Brunella*, *T*., ou *Prunella*, *L*. F. bleues, roses ou blanches, en verticilles contigus, formant un épi terminal serré, à bractées souvent colorées.

1. B. COMMUNE. B. *vulgaris*, *L*. F. petites, en épi offrant une paire de feuilles à la base, bleues ou de couleurs variées. CCC. Prés, bois.

1ʳᵉ var., à f. seulement sinuées ou dentées.

2ᵐᵉ var., à f. pinnatifides.

2. B. A GRANDES FLEURS. B. *grandiflora*, *J*. Corolle 2 fois plus grande que le calice, d'un bleu-violet, rose ou blanchâtre. C. Coteaux arides.

5. B. blanche. B. *alba*, P. B. *laciniata*, L. F. blanc-jaunâtre ; f. sup^res laciniées. C. Bois, prés secs.

2me — TOQUE. *Scutellaria*, L. Calice à lèvres entières, égales, la sup^re offrant une bosse saillante ; étamines non bifurquées.

1. T. tertianaire. S. *galericulata*, L. Corolle bleue ou violacée 5 fois plus longue que le calice, à tube courbé. C. Marais.

2. T. mineure. S. *minor*, L. Corolle petite rose-bleuâtre, calice hérissé, f. presqu'entières. RR. Lieux tourbeux.

3me — SAUGE. *Salvia*, L. Étamines sup^res nulles, les 2 inf^res fertiles, à filets courts articulés avec un connectif transversal.

1. S. des prés. S. *pratensis*, L. Corolle ordin. bleuâtre, beaucoup plus longue que le calice ; f. crénelées, ridées. CCC.

2. S. orvale. S. *sclarea*, L. Calice à dents épineuses ; bractées violettes ; tige robuste, velue, laineuse, à odeur aromatique. RR.

Une forte infusion des sommités produit l'ivresse.

La Sauge officinale. *Salvia off.*, L.; le Romarin, *Rosmarinus off.*; la Monarde rouge, *Monarda didyma*, W., sont dans tous les jardins.

4me — THYM. *Thymus*, T. Tiges sous-frutescentes, grêles ; f. petites, entières ; f. en glomérules rapprochés en tête ou en épi, lilas.

1. T. serpolet. T. *serpyllum*, L. Tiges couchées, radicantes, nombreuses, à extrémités redressées ; f. purpurines. CCC. Coteaux arides.

2. T. serpolette. T. *serpyllum*. T. *angustifo-*

lium, **P**. Tiges tortueuses appliquées sur la terre. à quatre lignes de poils parcourant les arêtes. CC.

3. T. BASILIC. T. *acynos*, **L**. ⊙ Calice bossu à la base; f. pédicellées, en glomérules sessiles, d'un bleu rougeâtre à tache blanche. Mai. CC. Terrains calcaires ou crayeux.

4. T. CALAMENT. T. *calamintha*, **D**. *Melissa* — **L**. F. rose purpurine, pédicellée, en glomérules pédonculés; calice à dents ciliées, les inf^{res} 2 fois plus longues que les sup^{res}. R. Bois. Juillet.

Dans les jardins, les THYMS VULGAIRE et CITRON, en bordures.

5me — CLINOPODE. *Clinopodium*, **T**. Verticilles formés de 2 glomérules de f. roses purpurines, à involucre composé de bractées sétacées.

1. C. COMMUNE. C. *vulgaris*, **L**. Calice à divisions ciliées, les inf^{res} subulées 2 fois plus longues que les sup^{res}. CC. Lieux incultes.

6me — MELISSE. *Melissa*, **L**. Calice à 13 nervures, à lèvre sup^{re} 3-dentée, lèvre inf^{re} bidentée; f. blanches.

1. M. OFFICINALE. M. *officinalis*, **L**. Corolle à tube arqué ascendant. R. spontanée dans les bois. CC. les jardins.

2. M. SAUVAGE. M. *sylvestris*, **Lam**. F. grandes. blanches, panachées de rouge; calice membraneux. C. Bois du terrain calcaire. *Melittis melisso-phyllum*, **L**.

Dans les jardins : l'HYSSOPE, *hyssopus officinalis*, on me l'a signalé spontané; la LAVANDE A ÉPIS. *Lavandula spica*, **L**.; la SARRIETTE, *Satureia hortensis*, **L**., ⊙ qui se ressème elle-même tous les

ans; le BASILIC et ses variétés, *Ocymum basili-*
cum, *L*. ◉ Cultivées pour leur odeur suave.

3me *Fraction*.

Corolle seulement bilabiée. Calice à dents égales.

1re *Famille*. ORIGAN. *Origanum*, *L*. F. roses à
larges bractées dépassant le calice, en épillets subtétragones composant des corymbes terminaux.

1. O. COMMUN. O. *vulgare*, *L*. Bractées et tiges
ord. rougeâtres. CCC. Bords des bois, des chemins.

2me—CHATAIRE. *Nepeta cataria*, *L*. F. blanches
ou rosées ponctuées de rouge; étamines inf^{res} plus
courtes ; calice tomenteux. R. Coteaux arides.

3me — GLECOME LIERRÉ. *Glecoma hederacea*.
L. Lierre terrestre. Tiges couchées très-radicantes.
rampantes ; f. réniformes pétiolées ; f. bleuâtres.
CCC. Jardins, vergers, où il nuit.

Préconisé en décoction dans les catarrhes pulmonaires.

4me — LAMIER. *Lamium*, *L*. Corolle à lèvre
sup^{re} en casque, à lèvre inf^{re} d'apparence unilo-
bée, les lobes latéraux tronqués ou presque nuls.
représentés par une ou deux dents.

1. L. ROUGE. L. *purpureum*, *L*. ◉ Corolle poilue intérieurement vers sa base ; f. triangulaires.
rugueuses. CCC. Lieux cultivés.

Var. à f. très-incisées. R.

2. L. AMPLEXICAULE. L. *amplexicaule*, *L*. ◉ Calice velu, hérissé. dépassé par le tube de la corolle.
CCC. Jardins, champs.

3. L. BLANC. L. *album*, *L*. ♃ Corolle à lèvre un
peu jaunâtre en dedans. poilue en dehors. CCC.

4. L. JAUNE. L. *luteum*. *Galeopsis galeobdolon*,

L. ♂ Calice à dents épineuses ; f. subsessiles, 3 à 6 flores en verticille. CCC. Bois-taillis.

————

5ᵐᵉ — GALÉOPE. *Galeopsis*, *L*. Corolle à gorge dilatée présentant de chaque côté un pli qui se termine en une dent conique.

1. G. LADANE. G. *ladanum*, *L*. ⚫ F. rose-purpurine en faux verticilles pauciflores ; tiges et f. pubescentes. CC. Champs.

Var. à fleurs blanches, f. plus larges et brunes ; tache jaunâtre à la lèvre infʳᵉ. dents du calice épineuses. Plus R.

2. G. CHANVRIN. G. *tetrahit*, *L*. Tiges renflées sous les nœuds, à poils presque piquants ; f. roses, rouges ou blanches. à lèvre infʳᵉ tachée de jaune et de rouge. CC. Bois, champs.

3. G. JAUNE. G. *ochroleuca*, *Lam*. F. jaunes ; f. tomenteuses. RR. Terrains sablonneux.

————

6ᵐᵉ — EPIAIRE. *Stachys*, *L*. Corolle à lèvre supʳᵉ droite concave. lèvre infʳᵉ 3-lobes obtus. celui du milieu plus grand. les latéraux réfléchis en dehors ; dents du calice spinescentes.

1. E. DES BOIS. S. *sylvatica*, *L*. F. d'un pourpre-brun. tachée de blanc à la gorge ; f. longuement pétiolées. CCC. Bois.

2. E. DES MARAIS. S. *palustris*, *L*. F. rosées, à tache blanche à la gorge ; verticilles 3 à 6 flores en épi ; f. sessiles. CCC.

3. E. DES CHAMPS. S. *arvensis*, *L*. ⚫ F. rougeâtres ponctuées de pourpre, les supʳᵉˢ en épi feuillé ; f. ovales obtuses. CCC. après les moissons.

4. E. ANNUELLE. S. *annua*, *L*. F. blanc-jaunâtre ; f. ovales oblongues, crénelées. CCC. Champs.

5. E. CRAPAUDINE. S. *Bufonia*, *Th*. S. *recta*, *L.* F. blanc-jaunâtre à lèvre inf^{re} tachée de brun ; f. lancéolées. rudes. les supér^{res} épineuses. C. Champs arides, sablonneux.

6. E. GERMANIQUE. S. *germanica*, *L*. Plante laineuse ou soyeuse, blanchâtre ; f. rose-purpurin. Pas C. Bords des chemins du sol argilo-calcaire.

7. E. ALPINE. S. *alpina*, *L*. Plante pubescente laineuse jamais blanchâtre ; f. rose-brunâtre tachée de blanc à la lèvre inf^{re}. Juin. R. Bois.

7me — BÉTOINE. *Betonica officinalis*, *L*. Calice campanulé à 5 dents aiguës ; corolle à tube courbé dépassant le calice ; f. radicales. pétiolées. cordées. crénelées ; f. purpurines, verticillées en un épi oblong interrompu à la base. CCC. Bois.

8me — MARRUBE. *Marrubium vulgare*, *l*. Plante à odeur ; f. blanches. petites. en glomérules opposés ; f. ridées, blanchâtres. tomenteuses en dessous, et aussi la tige. CCC. Les chemins. les habitations.

9me — BALLOTE. *Ballota nigra*, *L*. — *fœtida*, *Lam*. Plante d'un vert brun. fétide ; f. purpurines ou blanches, en glomérules ; calice à 5 dents larges plissées égalant la corolle. CCC. Les chemins

10me — AGRIPAUME TRILOBÉE. *Leonurus cardiaca*, *L*. *Cardiaca trilobata*, *Lam*. F. roses en nombreux glomérules , en épis feuillés très-longs : calice à longue dent épineuse ; f. inf^{res} 5-lobées. amples. R. Décombres, routes.

2. A. FAUX-MARRUBE. *Leonurus marrubiastrum*. *L*. F. blanchâtres. petites. en verticilles axillaires. entourées de bractées sétacées. épineuses. RRR

4me *Fraction*.

Corolle campanulée à divisions presque égales. Plantes un peu aquatiques.

1re *Famille*. MENTHE. *Mentha , L.* Plante à odeur pénétrante, agréable ; 4 étamines, 5 dents au calice, 4 lobes à la corolle.

1. M. RIDÉE. M. *rugosa, Lam.* M. *rotundifolia, L.* F. blanches ou rosées ; f. laineuses, orbiculaires, sessiles. CCC. Terrains humides.

2. M. DES CHAMPS. M. *arvensis, L.* F. roses. les sup^{res} en épis surmontés par un bouquet de petites feuilles ; f. égales. CCC. Champs humides.

3. M. CULTIVÉE. M. *sativa, L.* F. roses en verticilles feuillés ou les sup^{res} en épis surmontés par un bouquet de petites feuilles ; f. de grandeurs différentes. CCC. Bords des eaux.

4. M. AQUATIQUE. M. *aquatica, L.* F. roses en verticilles peu nombreux, rapprochés en têtes globuleuses terminales. CCC. Marais.

Var. à f. velues hérissées, et une autre à f. glabres.

5. M. POULIOT. M. *pulegium, L.* F. roses, quelquefois blanches, en nombreux verticilles espacés à l'aisselle des feuilles réfractées ; calice fermé par des poils en cône. CCC. Lieux humides.

6. M. SAUVAGE. M. *sylvestris, L.* F. blanches rosées ; f. oblongues lancéolées, blanches, tomenteuses en dessous ; bractées linéaires subulées. R. Lieux humides.

7. M. VERTE. M. *viridis, L.* F. roses en épis terminaux ; f. lancéolées, aiguës, vertes, glabres, un peu pétiolées. R. Le long des cours d'eau.

2me — LYCOPE D'EUROPE. *Lycopus Europœus, L.* Plante élevée d'apparence rude ; f. ovales très-dentées, souvent pinnatifides à la base ; calice à dents presque épineuses ; f. blanches à points rouges ; 2 étamines. CC. Marais.

La décoction de cette plante est astringente . elle précipite le fer en noir, et donne une teinture noire solide.

4ᵐᵉ Tribu. — OROBANCHÉES.

Plantes parasites sur les racines des autres plantes ; jamais vertes ; tiges épaisses, juteuses ; écailles au lieu de feuilles ; f. solitaires d'un blanc jaunâtre à l'aisselle des écailles, en épis ou grappes terminaux ; bilabiées.

1ʳᵉ *Famille*. OROBANCHE. *Orobanche*, *L*. 2 sépales latéraux ; f. odorantes.

1. O. ÉPITHYM. O. *Epithymum*, *D*. Stigmate rouge. Parasite sur les thyms. CC. Coteaux secs. Mai .

2. O. RAMEUSE. O. *ramosa*, *L*. Teinte bleuâtre ; bractées lancéolées. Pas C. Sur le chaume et autres plantes de jardins.

3. O. PICRIDE. O. *picridis*, *S*. Stigmate violet, étamines velues. R. Parasite sur la picride épervière.

4. O. PANICAUT. O. *Eryngii*, *D*. Corolle à lèvre supʳᵉ échancrée. R. Sur le panicaut.

5. O MAJEURE. O. *major*, *L*. A odeur de giroflée. Corolle ample, stigmate rouge. filets velus. R. Sur les caille-lait. scabieuses, etc.

6. O. BLEUE. O. *cœrulea*, *V*. Corolle tubuleuse. à lobes aigus. R. Sur l'achillaire millefeuille.

7. O. ROUGEATRE. O. *rubens*, *W*. Bractées noirâtres, calice jaunâtre, corolle rougeâtre. R. Sur la luzerne.

8. O. DES SABLES. *O. arenaria*, **R**. F. grandes. à lobes obtus; stigmate jaunâtre. RR. Les sables. sur les ansérines.

2me — CLANDESTINE. *Clandestina*, **T**. *Lathræa squammaria*, **L**. F. pédicellées, jaunâtres, pendantes. d'un seul côté. Souche rameuse, couverte d'écailles charnues. imbriquées, d'où naissent des tiges rougeâtres de même consistance. C. A l'ombre, au pied des grands arbres.

5me Tribu. — LENTIBULARIÉES.

Plantes aquatiques. Calice et corolle bilabiés ou en gueule: f. toutes radicales en rosette hors de l'eau. ou. étant submergées, multiséquées, à segments filiformes le long des rameaux.

1re *Famille*. GRASSETTE. *Pinguicula vulgaris*. **T**. F. d'un bleu rougeâtre, à pédoncules radicaux uniflores; corolle à tube prolongé en un éperon; 2 étamines ; capsules ovoïdes ; f. d'un vert jaunâtre, épaisses. C. Marais du terrain crayeux.

2me — UTRICULAIRE. *Utricularia*, **L**. *Lentibularia*, **T**. Corolle en gueule prolongée en éperon, jaune : f. submergées, multiséquées.

1. U. COMMUNE. U. *vulgaris*, **L**. Corolle assez grande, à palais saillant. strié ; f. à segments capillaires munis de nombreuses vésicules. C. Eaux stagnantes.

2. U. MINEURE. U. *minor*, **L**. Corolle petite, d'un jaune pâle; segments courts, sétacés, terminés en vésicules. **RR**. Marais.

6ᵐᵉ Tribu. — PERSONNÉES.

Corolle à 5 divisions, les 2 supᵉˢ quelquefois soudées, bilabiée, à lèvres écartées ou rapprochées en gueule, la supʳᵉ à 2 divisions et l'infʳᵉ à 3, ou rotacée à 4 divisions entières, la supʳᵉ plus grande. Corolle en gueule.

___

1ʳᵉ Fraction. — ANTIRRHINÉES.

Corolle en gueule fermée.

1ʳᵉ *Famille.* MUFLIER. *Antirrhinum, J.* Corolle à tube bossu à la base.

1. M. RUBICOND. A. *orontium*, *L.* ⊛ Corolle petite, purpurine ou blanche, ne dépassant pas le calice. C. Moissens.

2. M. MAJEUR A. *majus*, *L.* ⚥ F. grandes, purpurines, roses ou blanches, à palais jaune, dépassant longuement le calice. R. Spontané après les murs. CC. dans les jardins.

___

2ᵐᵉ — LINAIRE. *Linaria, J.* Corolle à tube renflé, prolongé en bas en un éperon cylindrique.

1. L. COMMUNE. L. *vulgaris*, *M.* F. assez grandes, d'un jaune pâle, à palais safrané, à éperon long ; en grappes spiciformes denses ; f. linéaires. CCC.

2. L. STRIÉE. L. *striata*, *D.* F. d'un blanc lilas veinées de violet; à palais jaune, à éperon court ; f. infᵉˢ verticillées par 3 ou 4. CCC. Lieux stériles.

3. L. COUCHÉE. L. *supina*, *Desf.* ⊛ F. en grappes courtes, à grande corolle jaune pâle, à palais orangé ; éperon long ; f. linéaires. CCC. Champs calcaires.

4. L. AURICULÉE. L. *elatine*, *Desf.* ⊛ F. longuement pédicellées, glabres, jaune pâle, à lèvre supʳᵉ

bleu-violet en dedans; éperon un peu arqué; f. ovales hastées. CCC. Terrain d'alluvion.

5. L. VELVOTE. L. *spuria*, *M*. ◉ F. poilues, à long pédicelle, jaunes, à lèvre sup^{re} violet foncé en dedans; éperon un peu arqué; f. oblongues. CCC. Champs.

6. L. MINEURE. L. *minor*, **Desf**. ◉ F. en grappes terminales feuillées, à petite corolle violet pâle, à gorge jaune. C. Champs.

7. L. CYMBALAIRE. L. *cymbalaria*, **M**. F. à corolle rose bleuâtre, à palais jaune, éperon court arqué; f. suborbiculaires cordées. R. Vieux murs.

8. L. PELISSERINE. L. *pelisseriana*, **M**. ◉ Corolle violette à palais blanc, rayé; éperon droit; f. linéaires alternes, celles des rejets stériles plus larges. R. Lieux pierreux.

Les Linaires sont suspectes.

2me *Fraction*. — SCROPHULARIÉES.

Corolle à gueule ouverte.

1re *Famille*. DIGITALE. *Digitalis*, **T**. F. à corolle campanulée ou tubuleuse, ventrue, à limbe court, subbilabiée, ord. unilatérale en grappe terminale.

1. D. POURPRÉE. D. *purpurea*, **T**. F. purpurines ou blanches, grandes; f. ridées, crénelées; tige pubescente, un peu brunâtre. CC. Ardennes. R. ailleurs.

2. D. JAUNE. D. *lutea*, **L**. F. jaune pâle, en grappes spiciformes, unilatérales, à limbe de la corolle dont les divisions latérales sont lancéolées. C.. mais par place. Nord, montagnes.

La Digitale est un sédatif puissant, remplaçant

les émissions sanguines; mais, en raison de sa grande activité, il faut être en garde sur la dose, qui ne doit pas dépasser un centigramme en substance, le tiers en extrait ou en teinture, dose qui doit être renouvelée toutes les 3 heures, continuée jusqu'à soulagement, guérison ou effet digitalique. lequel est de produire les effets consécutifs aux fortes émissions sanguines.

La Digitale produit aussi la résorption de la sérosité épanchée dans le tissu cellulaire. De là les nombreuses maladies qui réclament son usage.

La DIGITALE GRANDIFLORE a été, dit-on, rencontrée le long de la Meuse, dans la forêt des Ardennes.

2me — GRATIOLE OFFICINALE. *Gratiola officinalis, L.* F. d'un blanc jaunâtre un peu rosé, à tube strié, solitaires, axillaires, pédonculées; f. sessiles, un peu épaisses. Juin. R. Marais tourbeux.

La Gratiole, en décoction, est un purgatif actif.

3me — SCROPHULAIRE. *Scrophularia, T.* Corolle à tube renflé, d'un brun rougeâtre, olivâtre en dedans, en cyme rapprochée en panicule non feuillée; tige 4-angulaire.

1. S. NOUEUSE. S. *nodosa, L.* Racine noueuse; f. ovales aiguës. CCC. Lieux humides.

2. S. AQUATIQUE. S. *aquatica, T.* et *L.* Calice à lobes membraneux, blanchâtres aux bords; f. oblongues obtuses. CCC.

3. S. PRINTANIÈRE. S. *vernalis, L.* Tige velue, laineuse; f. axillaires jaunes, globuleuses, en panicule feuillée. RR. Bords des ruisseaux des forêts.

3ᵐᵉ *Fraction.* — **RHINANTHÉES.**

Corolle bilabiée à lèvre supʳᵉ en casque, l'infʳᵉ plane 3-lobée.

1ʳᵉ *Famille.* **PÉDICULAIRE.** *Pedicularis* , *T*. Calice ventru, vésiculeux , à lobes foliacés.

1. P. DES BOIS. P. *sylvatica*, *L.* Corolle à casque plus long que la lèvre infʳᵉ; calice à 5 dents. CCC.

2. P. DES MARAIS. P. *palustris*, *L.* Tige solitaire; casque très-arqué, présentant de chaque côté une dent aiguë ; f. pinnatipartites comme la précédente. CCC. Marais.

2ᵐᵉ — COCRISTE. *Rhinanthus*, *L.* F. jaunes, sessiles, opposées, en grappes feuillées terminales; f. opposées dentées ; calice 4 dents, ventru ; corolle 4 divisions, 1 supʳᵉ et 3 lobes infʳˢ.

1. C. VELU. R. *hirsuta*, *Lam.* Calice velu, corolle à tube dépassant longuement le calice. CCC. Moissons, prés.

2. C. GLABRE. R. *glabra*, *Lam.* R. *crista galli*, *L.* Calice glabre ; corolle à tube ne dépassant pas le calice. C. Bois, prés humides.

3. C. MINEUR. R. *minor*, *E.* ⬤ Corolle petite, à tube droit. RR. Prés secs.

3ᵐᵉ — MÉLAMPYRE. *Melampyrum* , *T.* Corolle presque en gueule, à lèvre infʳᵉ 3-dentée présentant 2 bosses ; gorge triangulaire.

1. M. DES CHAMPS. M. *arvense*, *L.* ⬤ Rougeole des blés. F. florales rouges ; corolle purpurine, à gorge blanchâtre, lèvre inférieure tachée de jaune. CCC. Moissons.

2. M. DES BOIS. M. *pratense*, *L.* F. florales vertes;

corolle jaunâtre fermée; calice à divisions sétacées. CCC. Les bois.

3. M. A CRÊTE. M. *cristatum*, *L.* Epi quadrangulaire; feuilles florales pliées en gouttière ; corolle rouge à limbe blanc jaunâtre. R. Les bois.

4ᵐᵉ — EUPHRAISE. *Euphrasia*, *L.* Tiges coudées ; f. en épis subunilatéraux feuillés; corolle à 2 lèvres, l'infᵉ trifide ; calice 4-fide.

1. E. OFFICINALE. E. *officinalis*, *L.* Corolle blanche striée de violet, à lèvre infᵉ tachée de jaune et palais jaune ; f. ovales sessiles, dentées. CCC. Chemins des bois, les prés.

Var. E. DES PRÉS. Pubescente, à rameaux étalés.

2. E. DES BOIS. E. *nemorosa*, *P.* Tige élevée, à rameaux dressés ; corolle petite, bleuâtre. C. Bois.

3. E. DENTÉE. E. *odontites*, *L.* Corolle rougeâtre, pubescente, à lèvres écartées ; style saillant hors la corolle avant l'épanouissement ; f. linéaires, dentées ; anthères jaunâtres. CCC. Bords des chemins, bois. Juin.

4. E. TARDIVE. E. *serotina*, *Lam.* ⊛ Rameaux étalés, f. florales plus courtes que les fleurs. CC. Moissons des terrains secs. Septembre. Ressemble à la précédente.

5. E. JAUNE. E. *lutea*, *L.* F. jaune à corolle ouverte, poilue, à lobes barbus ; f. scabres. R. Coteaux calcaires.

6. E. JAUBERTINE. E. *Jaubertiana*, *B.* F. jaune-rougeâtre, pubescentes ; corolle à lèvres conniventes, à lèvre supᵉ un peu arquée ; style court. R. Moissons du terrain crayeux.

4me *Fraction.* — **VÉRONICÉES.**

Corolle rotacée, à limbe 4-partite, quelquefois 5-fide, à divisions entières, la sup^{re} plus grande.

1re *Famille.* VÉRONIQUE. *Veronica*, **T**. Corolle à limbe 4-partite ; 2 étamines saillantes ; f. bleue en grappes ou épis terminaux.

1. V. LIERRÉE. V. *hederæfolia*, **L**. ◉ F. bleu-pâle, veinées ou presque blanches ; f. orbiculaires cordées. CCC. Jardins.

2. V. RUSTIQUE. V. *agrestis*, **L**. ◉ F. bleu-tendre, veinées. quelquefois blanches ; tiges couchées. CCC. Lieux cultivés.

3. V. DIDYME. V. *didyma*, **T**. ◉ Plante très-petite, f. d'un beau bleu ; f. ovales crénelées. R. Les champs.

4. V. DIGITÉE. V. *triphyllos*, **L**. ◉ F. d'un bleu foncé, à corolle dépassée par le calice ; f. épaisses, ovales, les caulinaires palmatiséquées, à face inf^{re} souvent rougeâtre. CCC.

5. V. BASILIQUÉE. V. *præcox*, **All**. ◉ F. à corolle bleu-de-ciel, dépassant le calice ; f. à face inf^{re} souvent pourpre. C. Les jardins.

6. V. DES CHAMPS. V. *arvensis*, **L**. ◉ F. petites, d'un bleu clair ; tige très-pubescente ; f., les inf^{res} ovales crénelées, les supérieures lancéolées. CC. Les champs.

7. V. ACINE. V. *acinifolia*, **L**. ◉ F. d'un beau bleu, à pédicelle plus long que la feuille, à lèvre inf^{re} pâle ; f. quelquefois rougeâtres. R. Allées des bois.

8. V. PRINTANIÈRE. V. *verna*, **L**. ◉ F. bleu pâle, à corolle plus courte que le calice ; f. inf^{res} oblon-

gues, moyennes, pinnatipartites, sup^res linéaires
RR. Coteaux secs.

9. V. OFFICINALE. V. *officinalis, L.* Tiges couchées, rameuses ; f. en grappes multiflores, d'un
bleu pâle ou blanc-rosé, à corolle dépassant le calice. CCC. Mai.

10. V. CHÊNETTE. V. *chamœdris, L.* F. bleues
veinées; pédoncules de même hauteur, en grappes
tiges couchées, radicantes, poilues ou velues. f.
ovales ridées. CCC. Bois, prés.

11. V. TEUCRIETTE. V. *teucrium, L.* F. d'un beau
bleu, en grappes compactes multiflores ; f. à nervures en dessous, un peu cordées, pubescent.
RR. Lieux arides.

12. V. DE MONTAGNE. V. *montana, L.* Tiges velues, couchées, espacées ; f. bleu-pâle veinées. en
grappes lâches pauciflores; f. orbiculaires. dentées.
pétiolées. R. dans la plaine, C. ailleurs.

13. V. SERPOLETTE. V. *serpyllifolium, L.* F.
bleuâtres, petites, en épis lâches ; f. ovales, épaisses, les florales oblongues. CC. Prairies, bois

14. V. A ÉPIS. V. *spicata, L.* F. à corolle subbilabiée d'un bleu vif, en épis compactes multiflores;
tiges formant touffes. Assez C. Coteaux sablonneux, calcaires.

15. V. AQUATIQUE. V. *beccabunga, L.* Tiges cy-
lindriq. dans l'eau ou la vase ; f. d'un beau bleu
en grappes multiflores ; f. charnues, oblongues
CCC. Ruisseaux.

16. V. ANAGALLE. V. *anagallis, L.* Tiges subte-
tragones ; f. bleu-pâle en grappes lâches à l'extrémité de pédoncules ord. opposés ; f. petites. ovales. CCC. Fossés aquatiques.

17. V. MOURON. V. *tenella, S.* Tiges radicantes.

grêles ; f. bleu-pâle veinées de rose ou de bleu ; f. lancéolées aiguës. CC. Lieux aqueux.

18. **V. a écusson.** V. *scutellata*, **L.** Tiges couchées, puis redressées ; f. bleues veinées, pédicellées, en grappes à l'extrémité de pédoncules alternes ; f. lancéolées, sessiles. C. Bords des étangs, etc.

19. **V. couchée.** V. *prostrata*, **L.** Tiges couchées ; f. d'un beau bleu, à pédoncules égaux , en grappes pluriflores ; f. quelquefois pinnatifides. Pas C. Pelouses sèches.

Dans les jardins : les V. *spuria*, **L.**; V. *longifolia*, **L.**, à beaux épis bleus et formant des touffes ; et aussi les *Veronica siberica*, à épis de f. blanches; V. *Virginica*, etc.

2me — **LIMOSELLE.** *Limosella aquatica* , **L.** Plante à racine traçante, filiforme, se développant sous l'eau, à hampes grêles uniflores, blanchâtres ou rosées, pédicellées ; à f. longuement pétiolées. C. dans les fossés aquatiques des bois sablonneux.

7me Tribu. — VERBASCÉES, MOLÉNÉES.

Fruit capsulaire, biloculaire , à 2 valves déhiscentes; 5 étamines à poils colorés. Plante élevée.

Famille. **MOLÈNE.** *Verbascum*, **T.. G.** Plante à f. en panicules spiciformes ou rameuses, à calice et corolle 5 divisions, 5 étamines arquées; 1 style renflé.

1. **M. bouillon blanc.** V. *thapsus*, **L.** F. jaunes, grandes, en épi compacte terminal ; f. caulinaires, tomenteuses, décurrentes ; tige à rameaux florifères en haut. CCC. surtout lieux incultes.

La décoction de ses fleurs est adoucissante

2. **M. SCHRADER**. V. *Schraderi, M*. V. *thapsi-forme, S*. Faux bouillon-blanc, à f. jaune-pâle plus petites, et à corolle concave. Moins C. Mêmes lieux.

3. **M. BLATTAIRE**. V. *blattaria, L*. ♂ F. assez grandes, jaunes, à étamines chargées d'une laine rouge ou violette ; f. vertes, glabres, sinuées, presque pinnatifides, les inf^{res} oblongues. C. Bords des champs argileux.

La **BLATTAIRE BLANCHE** est dans les jardins.

4. **M. LYCHNITE**. V. *lychnitis, L*. F. jaunâtres ou blanches, petites, fasciculées en grappes interrompues formant une panicule pyramidale ; étamines chargées d'une laine blanche ; tige robuste, élevée ; f. vertes en dessus, tomenteuses en dessous. Assez C. RR. à fleurs blanches. Terrains calcaires.

5. **M. FLOCONNEUX**. V. *floccosum, W*. V. *pulvinatum, Th*. F. jaunes, petites ; tige et f. à tomentum se détachant en flocons. RR. Les chemins.

6. **M. NOIRE**. V. *nigrum, L*. Tige robuste ; f. jaunes, petites, fasciculées en un épi terminal simple ; étamines chargées d'une laine purpurine ou violette ; f. inférieures longuement pétiolées, cordées. R. Bois.

2me *SECTION.—Fleurs régulières corollées*.

8me Tribu. — SOLANÉES, J.

Plantes d'un aspect sombre, à odeur vireuse, à suc nauséabond, à fruit bacciforme ; baie pulpeuse, ou capsule sèche, polysperme. Plantes héroïques.

1re *Fraction*. — **SOLANÉES BACCIFÈRES.**

1re *Famille*. — SOLANÉE. *Solanum, T*. Corolle

rotacée , blanche ou violette , réunie en corymbes ,
à organes fructifères variés.

1. S. DOUCE-AMÈRE. S. *dulcamara*, *L*. S. *scandens, Lam*. Tige ligneuse, sarmenteuse, se soutenant sur les plantes voisines ; f. violettes, baies
rouges à la maturité. CCC. Les buissons, humidité.

2. S. MORELLE. S. *nigrum*, *L*. ◉ Plante herbacée ; f. blanches ; baies noires. CCC. Jardins ,
vignes, décombres.

En topique , comme calmant.

3. S. VELUE. S. *villosum, Lam*. Baies jaunâtres.
RR. Comme le S. *nigrum*.

La POMME DE TERRE, *Solanum tuberosum*, *L*..
originaire des Andes, se cultive abondamment partout sous diverses variétés, et constitue maintenant,
malgré ses détracteurs, au moins la moitié de la
nourriture des hommes ; et si elle continue de pro-
gresser en Champagne, comme j'en ai été témoin
depuis un demi-siècle, il est probable qu'encore
un demi-siècle, elle constituera à elle seule la
nourriture des hommes. et même celle des ani-
maux omnivores.

Dans les potagers :

La TOMATE, *Lycopersicum esculentum*, *D*., pour
ses baies.

Le PIMENT, poivre long, *Capsicum annuum*, *L*.

Dans les parterres :

Le RAISIN D'OURS ou D'AMÉRIQUE, *Solanum racemosum*, *T*., *Phytolacca decandra*, *L*.

Le CERISIER D'AMOUR, S. *pseudo-capsicum*.

Les *Lycium barbarum, vulgare, sinense*.

2ᵐᵉ — COQUERET ALKEKENGE. *Physalis al-
kekengi*, *L*. F. blanches verdâtres ; f. deltoïdées ;
calice fructifère ample, vésiculeux, rouge, conte-

nant une baie rouge de la grosseur d'une cerise.
C. Bords des bois, des vignes.

Les baies passent pour être diurétiques anodines. Elles servent à teindre le beurre.

5me — **BELLADONE.** *Belladona baccifera, Lam
Atropa —, L.* F. campanulées d'un pourpre-brun;
baies globuleuses de la grosseur d'une cerise, d'un
noir luisant; tige élevée, rameuse. C. Bois, bords
des étangs, les habitations.

La Belladone, même à faible dose, toutes les
parties de la plante, produit promptement la sé-
cheresse de la gorge, la dilatation des pupilles, le
relâchement des muscles, le délire ; mais je ne
sache pas qu'elle ait jamais amené la mort : de
très-fortes doses ont causé un délire gai de 12 à
24 heures sans résultat fâcheux.

Je la fais prendre en légère décoction, deux ou
trois grammes de feuilles sèches pour une demi-
bouteille d'eau, à prendre par cuillerée toutes les
trois heures.

Ainsi, à cette dose, que j'augmente jusqu'à produire le délire, je combats avantageusement les
douleurs rhumatismales, goutteuses, névralgiques.
Une dose double, répétée de demi-heure en demi-
heure, fait rentrer les hernies étranglées. Cette
même dose suffit pour calmer promptement la folie,
la manie aiguë. En amenant un délire gai, le délire de la folie cesse comme par enchantement.

On sait aussi que les feuilles de Belladone peuvent se fumer en guise de tabac.

En topique, comme aussi prise à l'intérieur, elle
fait cesser les douleurs causées par le panaris. Plusieurs fois, sur le point d'ouvrir le doigt, la Belladone, en topique sur le doigt badigeonné de collo-
dion, a complètement guéri le mal.

2ᵐᵉ *Fraction.*

F. capsulaires.

1ʳᵉ *Famille.* **JUSQUIAME NOIRE.** *Hyoscyamus niger*, **L.** ♂ Plante visqueuse, à odeur vireuse, grisâtre ; tige robuste, couverte, ainsi que les feuilles, de poils glanduleux, à f. campanulées, corolle jaune, gorge pourpre, limbe brunâtre, sur 2 rangs en grappes unilatérales. CC. Décombres, etc.

La Jusquiame a à peu près les mêmes vertus que la Belladone.

Donnée de temps immémorial aux cochons pour les faire dormir, cette plante les met dans un état complet d'insensibilité.

Administrée en lavement, la Jusquiame produit des effets semblables à ceux de la Belladone : un délire gai et l'insensibilité.

2ᵐᵉ — POMME ÉPINEUSE. *Datura stramonium*, **L.** ⊕ F. à grande corolle en entonnoir, blanches, à grosse capsule ovoïde, chargée d'épines robustes. Pas R. Décombres, vignes.

Ses capsules, fumées en guise de tabac, sont préconisées contre les spasmes. Son action sur l'économie est peu connue.

Dans les jardins :

Le Tabac rustique, *Nicotiana rustica*, à f. jaunes. 2 var. : la 1ʳᵉ, à grandes f. ovales longuement pétiolées ; la 2ᵐᵉ, à f. suborbiculaires vert-luisant, pétiolées. Devenues subspontanées dans les jardins.

Le Tabac de Virginie, *Nicotiana tabaco*, **L.**, à f. roses ; f. lancéolées, amplexicaules. Planté dans les parterres, comme aussi

Le *Petunia nyctaginiflora*, **J.**, à grandes fleurs blanches ou violettes en entonnoir.

2ᵐᵉ Tribu. — BORRAGINÉES, J.

Plantes hérissées ou velues, à suc nitreux ; f. ord.
entières ; f. sur 2 rangs en grappes dressées.

1ʳᵉ *Fraction.*

Corolle à gorge fermée par 5 écailles.

1ʳᵉ *Famille.* BOURRACHE. *Borrago officinalis, L.*
◉ F. ord. bleues, à anthères noires, à appendice
des étamines violet foncé. Plante fortement hérissée, succulente. CC. Dans les jardins ou leur voisinage.

Plante nitreuse très-tempérante. En décoction
contre les inflammations.

2ᵐᵉ — CYNOGLOSSE. *Cynoglossum officinale, L.*
F. d'un rouge violacé ou blanches, en grappes
axillaires terminales, à style robuste, persistant ;
f. tomenteuses, grisâtres, longues. CC. Bords des
chemins, décombres.

Ses propriétés anodines sont oubliées.

2. C. DES MONTAGNES. *C. montanum, Lam.* F.
vert-luisant. RR. Montagnes, forêts.

3ᵐᵉ — CONSOUDE. *Simphytum officinale, L.*
F. roses ou blanches, en grappes courtes ; f. ovales-
lancéolées, grandes, rudes, pétiolées. Plante aquatique à grosses racines ; tige anguleuse ailée. CC.
Lieux humides.

Racines astringentes.

4ᵐᵉ — SCORPIONE. *Myosotis, L.* F. petites,
ordinairement bleues, en grappes poilues terminales ; f. radicales, ord. en rosettes, velues ou hérissées ; calice et corolle 5-fides, 5 plis, 5 écailles.
Corolle bleue, gorge jaune.

1. S. DES MARAIS. M. *palustris, Lam.* Tiges couchées à la base; f. rudes, lancéolées; f. assez grandes, rapprochées, en grappes allongées. CC. Marais.

2. S. DES CHAMPS. M. *intermedia, Link.* ♂ Tige robuste; f. d'un vert sombre; f. à pédicelle allongé. CC. Les champs.

3. S. HÉRISSÉE. M. *hispida, S.* M. *collina, R.* ◉ Tiges grêles, hérissées, en touffes; f. à pédicelle court. C. Lieux arides.

4. S. VERSICOLORE. M. *versicolor, R.* ◉ Tige dressée; corolle petite, jaune, puis rougeâtre, enfin bleue, à tube allongé. Mai. C. Prés secs.

5. S. CESPITEUSE. M. *cæspitosa, S.* Tige grêle, dressée; f. molles; f. à pédicelle long, grappes allongées. R. Marais.

6. S. DES BOIS. M. *sylvatica, H.* Tige élevée, à longs poils blancs; f. assez grandes, eu grappes s'allongeant. Pas C. Taillis.

7. S. RAIDE. M. *stricta, Link.* Tiges grêles, raides. en touffes; corolle petite, ne dépassant pas le calice. Assez R. Sables, champs secs.

5ᵐᵉ — BUGLOSSE. *Buglossum officinale, Lam. Anchusa —, L.* F. assez grandes, bleues ou rosées, à gorge fermée par 5 écailles barbues, en grappe feuillée terminale; tige et f. hérissées, ciliées. C. Collines argilo-calcaires. RR. Dans la plaine.

6ᵐᵉ — GRIPPE DES CHAMPS. *Lycopsis arvensis, L.* ◉ F. petites; corolle bleue, en entonnoir, à tube courbé blanc, à gorge munie de 5 écailles poilues blanches, en grappes; à f. florales plus longues que le calice. Pas R. Sables calcaires. Tout l'été.

7me — **CARPEL-ÉPINE.** *Echinospermum lappula, Leh. Myosotis —, L.* Tige raide, poilue; f. petite, bleue; carpelles entourées de longues épines blanchâtres à crochets. RR. Les murs.

8me — **RAPETTE.** *Asperugo procumbens, L.* ◉ F. petites, d'un bleu violet, réunies 2 à 4 au niveau de chaque paire de feuilles, unilatérales, opposées aux feuilles; tiges couchées, diffuses, à aiguillons blanchâtres sur les angles. R. Bords des chemins.

2me *Fraction.* — **VIPÉRINÉES.**

Corolle à gorge nue ou poilue.

1re *Famille.* VIPÉRINE. *Echium vulgare, L.* Plante hérissée de poils piquants; f. bleues, rarement roses ou blanches, à corolle subbilabiée. en panicule racemiforme feuillée, à étamines saillantes. CCC. Bords des chemins.

2me — GRÉMIL. *Lithospermum, T.* F. en grappes feuillées. Corolle à gorge ouverte, poilue. Carpelles très-dures.

1. G. DES CHAMPS. L. *arvense, L.* ◉ Tige raide. rude; f. petites, blanches, dépassant peu le calice. CCC. Champs. Plante grisâtre.

2. G. VIOLET. L. *violaceum, L.* Tiges florifères dressées; tiges stériles couchées; f. grandes, violettes; f. rudes, vert foncé en dessus et pâle en dessous. R. Lisière des bois.

3. G. OFFICINAL. L. *officinale, L.* Thé de nos campagnes. T. robuste; f. petites, blanchâtres; corolle à gorge munie de 5 petites écailles pubescentes: f. couvertes de poils raides; carpelles luisantes. R. Collines, bois; mais CCC. dans les jardins.

Cette plante est tous les jours administrée en

guise de thé. Son infusion est-elle préférable à l'eau sucrée ?

3me — PULMONAIRE. *Pulmonaria officinalis*, *L*. Plante à f. vertes, souvent tachées de blanc, pétiolées, couchées, à poils rudes, aussi longues que la tige ; f. grandes, rouges, violettes, puis bleues, en bouquet terminal. R. Forêts arides.

2. P. A PETITES FEUILLES. P. *angustifolia*, *L*. F. lancéolées, rétrécies en long pétiole un peu ailé. R. Forêts humides.

4me — HÉLIOTROPE D'EUROPE. *Heliotropium Europæum*, *L*. ⊛ Plante d'un vert-grisâtre, rude ; à f. blanchâtres, sessiles, en grappes ; f. ovales, atténuées, pubescentes, à nervure en dessous. C. Terrain de craie, autour des habitations.

Dans les jardins, l'HÉLIOTROPE DU PÉROU, à odeur suave.

10me Tribu. — CONVOLVULÉES.

Plantes volubiles, traînantes, traçantes, ou parasites des tiges des plantes.

1re *Fraction*. — **VRAIES CONVOLVULÉES**.

Corolle infundibuliforme, campanulées, à 5 plis.

Famille. LISERON. *Convolvulus*, *L*. Calice 5 sépales ; 5 étamines ; style filiforme, 2 stigmates. Capsule indéhiscente.

1. L. DES CHAMPS. C. *arvensis*, *L*. F. blanches à 5 bandes rosées en dehors. CCC. Champs.

2. L. DES HAIES. C. *sepium*, *L*. F. grandes blanches. CC. Haies, buissons humides.

Les jardins : la BELLE-DE-JOUR, C. *tricolor* ; le VOLUBILIS, C. *purpurea*, à f. bleues, roses ou blanches, sert à couvrir les tonnelles.

2ᵐᵉ *Fraction.* — **CUSCUTÉES.**

Parasite dépourvu de feuilles.

Famille. CUSCUTE. *Cuscuta, L.* Teigne. Tiges filiformes, se fixant par des suçoirs sur les tiges des plantes autour desquelles elles s'enroulent ; f. petites, d'un blanc rosé.

1. C. MAJEURE. *C. major, D.* Tige d'un jaune verdâtre, rougeâtre ; calice prolongé en tube épais, cylindrique. CC. Parasite sur beaucoup de plantes. Juillet.

2. C. MINEURE. *C. minor, D.* Tige rouge, stigmate **rouge**. C. Sur les plantes aromatiques.

3. C. DU LIN. *C. epilinum, W.* Tige jaune ; f. verdâtres. Parasite sur le lin.

Il faut, de bonne heure, faucher les places attaquées par la teigne.

3ᵐᵉ *Fraction.* — **APOCYNÉES.**

Famille. PERVENCHE. *Vinca, L.* Plantes sous-frutescentes, à racines traçantes, à f. persistantes, à fleurs solitaires, bleues ou blanches, pédicellées, alternes ; occupant des espaces.

1. P. MINEURE. *V. minor, L.* F. ovales lancéolées, très-glabres, luisantes. CCC. Les bois.

2. P. MAJEURE. *V. major, L.* F. grandes, à pédicelles plus courts que les feuilles ; f. ciliées, presque cordiformes. RRR.

Dans les bosquets, les variétés à f. doubles, à f. rouges.

4ᵐᵉ *Fraction* — **ASCLÉPIADÉES.**

Famille. ASCLÉPIADE DOMPTE-VENIN. *Asclepias vincetoxicum, L.* Tige simple, ord. solitaire ;

f. ovales, opposées ; f. blanchâtres, en corymbe, à pédoncules interpétiolaires. Juin. C. Bordures des bois.

Dans les parterres : l'ASCLÉPIADE A LA OUATE, A. *Syriaca.* **A.** *incarnata.*

11me Tribu. — GENTIANÉES.

Plantes très-amères ; à corolle marcescente, persistante, à préfloraison contournée, ou valvaire indupliquée.

1re *Fraction.* — ÉRYTHRÉES.

Corolle à préfloraison contournée ; f. opposées.

1re *Famille.* ERYTHRÉE. *Erythrœa,* **R.** F. roses. rarement blanches, à calice tubuleux, à 5 angles, à style filiforme.

1. E. PETITE CENTAURÉE. E. *centaurium,* **P.** *Gentiana* — **L.** F. en corymbes multiflores terminaux, à courts pédicelles. CCC. Les bois-taillis.

La petite Centaurée, très-amère, est très-usitée contre les fièvres intermittentes, en décoction ou en substance, mais mieux en lavement.

2. E. JOLIE. E. *pulchella,* **F.** Tige très-rameuse, marquée de lignes saillantes ; f. en cyme dichotome. C. Pâtis, pelouses.

2me — GENTIANE. *Gentiana,* **L.** F. bleues, solitaires, verticillées, à corolle en entonnoir ou rotacée.

1. G. CROISETTE. G. *cruciata,* **L.** F. sessiles, fasciculées à l'aisselle des feuilles sup^{res}, corolle 4 lobes ; tige grosse, courbée. C. Collines sèches.

2. G. LINAIRE. G. *pneumonanthe,* **L.** F. très-grandes, corolle à 5 lobes courts ; f. linéaires, ses-

siles, les inf^res engaînantes. C. Marais tourbeux de la plaine.

3. G. AMARELLE. G. *amarella*, *Th*. ◉ F. à corolle tubuleuse, campanulée, à gorge garnie de 5 écailles multifides. C. Collines calcaires, crayeuses.

4. G. CILIÉE. G. *ciliata*, *L*. Corolle en entonnoir, à 4 divisions dentées, ciliées ; f. étroites lancéolées, sessiles. RR. Septembre. Bois montagneux.

5. G. FILIFORME. G. *filiformis*, *L*. F. jaune-sale : rameaux capillaires. RR. Bords des étangs.

Dans les parterres, GENTIANE ACAULE.

3me — CHLORE. *Chlora perfoliata*, *L*. F. jaunes en cymes multiflores, corolle à tube renflé, subglobuleux ; f. connées, triangulaires. Assez C. Marais des terrains de craie.

Dans les jardins : la VALÉRIANE GRECQUE ou POLÉMOINE, *Polemonia cærulea*, à f. bleues ou blanches ; le PHLOX PANICULÉ, à f. lilas ou blanches ; le *Cobœa scandens*, à grandes fleurs violettes, pour couvrir les tonnelles.

2me *Fraction*. — **MÉNYANTHÉES.**

Corolle à préfloraison valvaire indupliquée.

Famille. MÉNYANTHE. *Menyanthes*, *L*. F. d'un blanc rose ou jaune, à bractées, en grappes dressées au sommet d'un pédoncule radical nu.

1. M. TRIFOLIÉ. M. *trifoliata*, *L*. Trèfle d'eau. F. radicales trifoliées, longuement pétiolées, membraneuses, en gaînes à la base ; f. en grappes spiciformes. Assez C. Marais.

2. M. NYMPHOIDE. M. *nymphoïdes*. *L*. *Villarsia* — *G*. F. jaunes : f. suborbiculaires, cordées, na-

geantes, coriaces, luisantes en dessus, ponctuées en dessous. R. Dans les grandes rivières.

Le Trèfle d'eau est un amer assez usité.

12ᵐᵉ Tribu. — LILACÉES.

Arbrisseaux ou arbres. Baies ou capsules bivalves, presque ligneuses.

1ʳᵉ *Fraction*. — BACCIFÈRES.

Famille. TROÊNE. *Ligustrum vulgare, L.* Arbrisseau à f. blanches en grappes pyramidales à l'extrémité des rameaux, à baies noires de la grosseur d'un pois, assez persistantes. CCC. Les haies, les bois.

Les baies de Troêne, bien mûres, bouillies dans du vin avec un peu d'alun, donnent un vin de teinture très-propre à rendre ou à donner de la couleur aux vins, et ajoutent en même temps à la qualité.

Le JASMIN JAUNE, *Jasminum fruticans, L.* en palissade dans les parterres.

2ᵐᵉ *Fraction*. — BACCIFÈRES AQUIFOLIÉES.

Famille. HOUX PIQUANT. *Ilex aquifolium, L.* Arbre peu élevé; feuilles persistantes. dentées, très-épineuses ; baies d'un rouge vif, persistantes. succédant à des f. blanches en fascicules axillaires. CCC. Bois des terrains argileux.

Dans les bosquets, les Houx à f. panachées, argentées, hérissonnées, entières sans épines.

Le liber du Houx donne un mucilage qui constitue la glu, en le pilant dans un mortier avec un peu d'eau.

3me *Fraction.* — CAPSULAIRES.

Coriaces, presque ligneux.

Famille. FRÊNE. *Fraxinus excelsior, L.* Arbre élevé, à f. verdâtres, sans calice ni corolle ; fruit samare mucroné ; f. imparipinnées. CCC. Haies. bois humides.

Dans les parcs : FRÊNE FLEURI, F. *ornus, L.* ; F. A F. DE NOYER, A F. ARGENTÉES, A UNE FEUILLE. A F. DE SUREAU, DE MYRTE, DE SAULE, BLANC D'AMÉRIQUE, CRÉPU VERT, DORÉ, JASPÉ, GRAVELEUX. HÉTÉROPHYLLE, QUADRANGULAIRE, PLEUREUR, etc.

Dans les jardins : Les LILAS COMMUN ET DE PERSE, *Syringa vulgaris*, S. *persica,* et leurs variétés ; le SERINGA, *Philadelphus coronarius, L.*, à odeur. et ses variétés, le Ph. *grandiflorus.*

13me Tribu. — PLANTAGINÉES, J.

Plantes à pédoncules radicaux florifères ; f. radicales ; fruit capsulaire, membraneux.

1ro *Famille.* PLANTAIN. *Plantago, T.* Epis solitaires, calice et corolle herbacés persistants.

1. P. LANCÉOLÉ. P. *lanceolata, L.* F. linéaires, atténuées en pétioles, épis ovoïdes, courts ; f. à 3 ou 5 nervures. CCC.

2. P. MOYEN. P. *media, L.* Epis oblongs. cylindriques, assez courts ; f. oblongues, aiguës. à court pétiole. en rosette plaquée. CCC. Prés.

3. P. MAJEUR. P. *major, L.* Epis allongés. linéaires. à pédoncules rudes ; f. amples, lâchement dentées. CCC. Prés secs.

4. P. NAIN. P. *minima, D.* F. à 3 nervures, épis grêles. CC.

5. P. CORNE-DE-CERF. P. *coronopus, L.* ◉ Epis grêles, blanchâtres; f. en rosettes, presque pinnatifides. RR. Jardins secs.

6. P. DES SABLES. P. *arenaria, W.* P. *psyllium, L.* ◉ Tige feuillée, quelquefois rameuse, à pédoncules axillaires opposés; épis ovoïdes compactes. R. Sur les sables purs.

———

2me — LITTORELLE. *Littorella lacustris, L.* Plante se développant sous l'eau, à racine filiforme qui donne naissance à des pédoncules mâles isolés; les f. femelles, cachées par la base des feuilles, qui sont radicales, linéaires et en touffes. RR. Les étangs.

———

3me — ARMÉRIE. *Armeria plantaginea, W.* F. roses sur un réceptacle commun, en un glomérule entouré d'involucre, à l'extrémité de pédoncules radicaux simples; f. toutes radicales, linéaires. C. Sables.

Dans les parterres : le GAZON D'OLYMPE OU D'ESPAGNE, A. *vulgaris, Statice armeria, L.* En bordures.

═══

14me Tribu. — ÉRICÉES.

Sous-arbrisseaux très-rameux, en touffes, à f. persistantes.

1re *Famille.* BRUYÈRE. *Erica, L.* Calice 4-fide, corolle 4-lobée, 8 étamines, style filiforme; capsule déhiscente.

1. B. COMMUNE. E. *vulgaris, L. Calluna — S.* F. en grappes spiciformes. CCC.
Var. à f. blanches. R.

2. B. A BALAIS. E. *scoparia, L.* F. ternées, linéaires; f. jaunâtres. R. Lieux stériles.

3. B. QUATERNÉE. E. *tetralix*, *L.* F. ciliées, disposées par quatre, en croix ; f. purpurines, quelquefois blanches, campanulées, disposées en sub-
ombelles. RR. Marais des pâtis.

4. B. CENDRÉE. E. *cinerea*, *L.* F. pourpres ou
blanches en grappes. RR. Sables.
Les progrès agricoles font disparaître les
bruyères.

2ᵐᵉ — ANDROMÈDE. *Andromeda polifolia, L.*
F. roses en grelot, pédoncule rouge ; petit arbuste ;
f. vertes, blanches en dessous. R. Marais tourbeux.

15ᵐᵉ Tribu.— PRIMULACÉES.

F. solitaires, axillaires ; fruit capsulaire, globuleux ; calice et corolle 5-partites, 5 étamines, 5
valves capsulaires.

1ʳᵉ *Famille.* ANAGALLE. *Anagallis, T.* F. à pédicelle arqué, à corolle rotacée, 5-partite, calice 5-
partite, 5 étamines.

1. A. ROUGE. A. *phœnicea, Lam.* ◉ F. rouges,
quelquefois blanches. CCC. Lieux cultivés.

2. A. BLEUE. A. *cœrulea, Lam.* F. bleues, ou à
gorge rougeâtre. CC. Lieux cultivés.

3. A. DES MARAIS. A. *tenella, L.* Plante maréca-
geuse, radicante. F. roses veinées, à divisions de la
corolle 2 fois plus longues que le calice ; étamines
laineuses. R. Marais sur la craie.

2ᵐᵉ — CENTENILLE. *Centunculus minimus, L.*
Plante très-petite, à f. blanches ou rosées, très-petites, sessiles ; f ovales, sessiles. R. Fossés des bois
limoneux humides.

3ᵐᵉ — **LYSIMAQUE**. *Lysimachia,L*. Calice et corolle 5-partites, 5 étamines dépassant longuement la corolle, capsule s'ouvrant en 5 valves; f. jaunes, à corolle rotacée.

1. L. COMMUNE. L. *vulgaris, L*. F. en panicules rameuses multiflores ; tige élevée. CCC. Bords des rivières.

2. L. MONNOYÈRE. L. *nummularia, L*. F. axillaires, solitaires; calice à divisions ovales aiguës, cordées ; f. presque orbiculaires opposées. CC. Fossés humides.

3. L. DES BOIS. L. *nemorum, L*. F. petites, axillaires, solitaires, opposées, à pédicelles capillaires plus longs que la feuille. R. Bords de la Meuse, bois.

4ᵐᵉ — **PRIMEVÈRE**. *Primula, L*. F. à bractées à la base des pédicelles, en ombelle au sommet de pédoncules radicaux, penchées.

1. P. OFFICINALE. P. *officinalis, J*. F. radicales, en rosettes; corolle d'un jaune pâle à lobes concaves; f. ridées, ovales. CCC. Prés et bois. Vulg. Coucou.

Les fleurs de Primevère communiquent un arôme agréable aux spiritueux et au vinaigre.

2. P. ÉLEVÉ. P. *elatior, J*. F. ord. d'un jaune pâle, à cercle plus foncé ou rouge, à l'entrée de la corolle qui est grande, et le calice étroit. CCC. Les bois.

3. P. A GRANDES FLEURS. P. *grandiflora, Lam*. Corolle jaune sulfureux, à lobes plans; calice à divisions aiguës. RR. Les bois.

Dans les jardins, beaucoup de variétés, sous toutes les nuances de couleur, de ces Primevères.

L'OREILLE D'OURS, P. *auricula*, *L.* ; celle DE LA CHINE, P. *sinensis*, à f. verticillées.

5ᵐᵉ — SAMOLE AQUATIQUE. *Samolus aquaticus*, *Lam.* F. blanches, petites, en grappes, à limbe de la corolle étalé, à divisions du calice triangulaires ; f. radicales en rosettes, ovales, glabres. C. Marais des terrains de craie.

6ᵐᵉ — ANDROSACE. *Androsace maxima*, *L.* ⊙ F. blanches, petites, enfoncées dans le calice, en ombelle à collerette composée de 4 à 6 folioles spatulées, denticulées. Assez R. Dans les champs de craie.

7ᵐᵉ — PLUMEAU. *Hottonia palustris*, *L.* F. lilas-pâle, en verticilles espacés au sommet de la tige en partie submergée ; f. submergées, pinnatiséquées, pectinées. RR. Marais.

2ᵐᵉ SUBDIVISION.

Corolle insérée sur le calice. Etamines insérées sur la corolle, ou sur le calice avec la corolle.

1ʳᵉ SECTION. — *Fruit bacciforme ou didyme.*

16ᵐᵉ Tribu. — GALIÉES.

Plantes à tiges ordinairement tétragones, denticulées, accrochantes ; f. sessiles, verticillées ; f. ord. en cyme trichotome ou dichotome ; calice caduc ; corolle rotacée.

1ʳᵉ *Famille.* CAILLE-LAIT. *Galium*, *L.* F. à corolle rotacée, 4 limbes. calice 4-fide ; 2 carpelles.

1. C. JAUNE. G. *luteum*, *Lam*. G. *verum*, *L*. Tiges lisses, raides ; f. roulées en dedans, à face sup^re luisante, l'inf^re blanchâtre. CCC.

2. C. CROISETTE. G. *cruciata*, *S*. *Valantia* — , *L*. F. jaunes ; tiges faibles, poilues ; f. d'un vert jaunâtre, pubescentes. ciliées, verticillées par 4. CCC. Haies, etc.

3. C. BLANC. G. *mollugo*, *L*. G. *elatum*, *Th*. F. blanches ; tiges robustes, couchées ; f. verticillées, scabres. CCC. Prés secs.

4. C. SYLVESTRE. G. *sylvestre*, *P*. F. blanches ; tiges dressées ; f. verticillées par 6-8 ; corolle à divisions aiguës. CCC. En touffes étendues.

1re var. GLABRE. G. *lœve*, *Th*.

2me var. HÉRISSÉ. G. *nitidulum*, *Th*.

3me var. G. *saxatile*, *L*. Fruits à tubercules pointus. R.

5. C. DES MARAIS. G. *palustre*, *L*. F. blanchâtres ; tiges se soutenant sur les plantes voisines, rameuses ; f. verticillées par 4-6. CCC. Les étangs et prés humides.

6. C. COUCHÉ. G. *supinum*, *Lam*. G. *uliginosum*, *L*. F. blanches en corymbes ; tiges diffuses, accrochantes ; f. verticillées par 5-7. C. Fossés marécageux.

7. C. PARISIEN. G. *parisiense*, *L*., vel *anglicum*, *H*. F. très-petites, jaunâtres, rougeâtres ; tiges rougeâtres ; f. verticillées par 5-7. C. Champs.

8. C. GRATTERON. G. *aparine*, *L*. ● F. d'un blanc-verdâtre ; tiges se soutenant dans les buissons, à nœuds renflés, très-scabres ; f. verticillées par 6-8. CCC. Les buissons.

Var. G. *spurium*, *L*. A fruit glabre. C. dans les champs semés de lin.

9. C. TRICORNE. G. *tricorne*. **W**. ⊛ F. blanchâtres, en cymes axillaires triflores ; tiges dressées
à angles très-denticulés. épineux. Mai. Assez C.
Moissons.

10. C. NERVEUX. G. *boreale*, **L**. F. blanches en
panicule terminale : tiges dressées, grêles. scabres;
f. verticillées par 4. R. Marais.

11. C. DES BOIS. G. *sylvaticum*, **L**. F. très-petites, roses, en panicules à ramifications capillaires ; f. verticillées par 8. R.

La racine des Caille-Lait donne une couleur
rouge par la décoction.

2me — **GARANCE DES TEINTURIERS**. *Rubia
tinctorum*, *L*. F. jaunes, en cyme trichotome ou
dichotome, en panicules feuillées ; tiges très-
scabres, accrochantes et s'allongeant ; f. verticillées par 4-6, membraneuses, à bords épineux.
RR. Décombres, vieux murs, vieilles haies, sables.

La racine. grosse comme des tuyaux de plumes.
donne, par la décoction, une teinture rouge très-
employée.

2. G. ÉTRANGÈRE. R. *peregrina*, *L*. F. persistantes, cartilagineuses. RRR.

3me — **ASPÉRULE**. *Asperula*, *L*. F. à corolle
tubuleuse campanulée. à 4 ou 3-fides, en cyme
trichotome ou dichotome : f. verticillées.

1. A. ODORANTE. A. *odorata*, *L*. F. blanches
pédicellées. en corymbe terminal : tige peu élevée.
lisse : f. verticillées par 4-8. Mai. CCC. Les bois.
abondante par places.

2. A. DES CHAMPS. A. *arvensis*. *L*. ⊛ F. bleues,
en glomérules. entourées d'un involucre de feuilles

bordées de soies. CC. Les moissons du terrai.
crayeux.

3. A. RUBÉOLE. A. *cynanchica*, *L.* F. d'un blanc
rosé, subsessiles. en cyme terminale ; f. linéaires.
verticillées par 4. Tiges étalées en touffes. C. Collines sèches.

4. A. DES TEINTURIERS. A. *tinctoria*, *L.* F. rosées ; tiges dressées ; fruit lisse. R. Collines arides.

4ᵐᵉ — SHÉRARDE. *Sherardia arvensis*. *L.*
F. rose-lilas, en glomérules sessiles au centre d'involucres composés de feuilles verticillées soudées
à la base ; tiges grêles. diffuses. scabres. CC.
Champs de craie. moissons.

17ᵐᵉ Tribu. — CUCURBITACÉES, J.

Tiges sarmenteuses herbacées ; f. axillaires
solitaires.

Famille. BRYONE. *Bryonia dioica*, **J.** B. *alba*,
L. Tige grimpante. accrochante par ses vrilles,
simples. longues : f. d'un blanc verdâtre ; baies
rouges ; racines très-volumineuses. CCC. Haies.

La racine de Bryone. ou Navet Godard, contient
un suc âcre et une fécule abondante qui, séparée
du suc et bien lavée, vaut toute autre fécule.

Dans les jardins : le CONCOMBRE. *Cucumis sativus*. dont les fruits. avant la maturité, constituent les cornichons.

Le MELON. *Cucumis melo, L.*, et ses variétés.

Les COURGES : le POTIRON. *Cucurbita maxima ;*
le GIRAUMONT ; la CITROUILLE. *C. pepo, L.*; le BON-
NET D'ÉLECTEUR . *C. melopepo ;* la COLOQUINTE.
C. aurantii, H. *C. verrucosa, L.*. drastique ; les

GOURDES. *C. lagenaria*, *L*., se cultivent par curiosité.

18me Tribu. — CAPRIFOLIÉES.

Baies couronnées par le limbe du calice ou la cicatrice qu'il y a laissée.

1re *Fraction*. — MELLIFÈRES.

Corolle tubuleuse.

1re *Famille*. CHÈVREFEUILLE. *Caprifolium*, *Lam*. *Lonicera*, *L*. Corolle bilabiée, la sup^re 4-lobes, l'inférieure entière ; baie succulente.

1. C. DES BUISSONS. *C. dumetorum*, *Lam*. *L. xylosteum*, *L*. Chamecerisier. Arbrisseau dressé, a f. d'un blanc rosé mêlé de jaune, géminées à l'extrémité de pédoncules axillaires : baies rouges ombiliquées, géminées ou un peu soudées. Mai. CCC. Bois, haies.

2. C. DES BOIS. *C. sylvaticum*. *Lam*. *L. periclymenum*, *L*. Arbrisseau volubile ; f. d'un blanc jaunâtre striées de rouge, verticillées en tête terminale : corolle longuement tubuleuse ; baies rouges couronnées par le limbe du calice. CCC. Bois.

Les f. et les b. sont rafraîchissantes.

Dans les bosquets : le CHÈVREFEUILLE DES JARDINS. *C. italicum*. *L. caprifolium*, *L*.; la SYMPHORINE, *Lonicera symphoricarpos* ; C. DE VIRGINIE, *L. sempervirens*. *L*.; le CHAMECERISIER à fruit violet ; les CHÈVREFEUILLES CORAIL, DE CHINE, DE JAPON, A F. PANACHÉES, PRINTANIER, DE TARTARIE ou CAMERISIER ROSE. *L. Tartarica*. *L*.

2ᵐᵉ *Fraction*. — **CORYMBIFÈRES.**

Corolle rotacée.

1ʳᵉ *Famille*. **VIORNE.** *Viburnum, L.* Calice et corolle 5-partites ; 5 étamines, 5 stigmates ; arbrisseaux dressés ; f. blanches en corymbe.

1. V. A LIENS. V. *lantana, L.* Rameaux flexibles ; f. ovales, dentées, à nervures saillantes ; Baies noires. CC. Bois.

2. V. OBIER. V. *opulus, L.* Rameaux cassants ; f. à 5 lobes principaux très-dentés, incisées. Baies rouges. CC. Les bois.

La BOULE DE NEIGE, OBIER STÉRILE, dans les jardins.

2ᵐᵉ. — **SUREAU.** *Sambucus, L.* Calice et corolle globés, 5 étamines, 5 à 5 stigmates sessiles ; baies succulentes ; f. blanches ; f. pinnatiséquées.

1. S. YÈBLE. S. *ebulus, L.* ◉ Tiges herbacées, élevées, f. jusqu'à 11 segments ; baies noires. Juillet. CCC. Champs argileux.

2. S. COMMUN. S. *nigra, L.* Arbre moyen, à écorce grisâtre, à moëlle blanche ; baies noires. CCC.

3. S. A GRAPPES. S. *racemosa, L.* Arbrisseau à f. blanchâtres, en panicules ovoïdes compactes ; baies rouges. R. Forêts.

Le SUREAU A F. LACINIÉES, S. *laciniata, M.*, est dans les bosquets, ainsi que les SUREAUX A F. PANACHÉES, A F. FONDES, A RAMEAUX APLATIS.

Les f. de Sureau, en infusion, sont sudorifiques, en fomentation, rubéfiantes.

3ᵐᵉ — **ADOXE.** *Adoxa moschatellina. L.* Plante grêle herbacée. F. d'un vert jaunâtre, 4 à 6 en un capitule terminal ; f. radicales biternées, à folioles bi ou triternées. les 2 caulinaires de même, et pétiolées ; baie herbacée. Bois. haies.

19ᵐᵉ Tribu. — VACCINIÉES.

Petits sous-arbrisseaux. à f. luisantes. coriaces. à baies sucrées. succulentes, acides, ombiliquées.

Famille. AIRELLE. *Vaccinium*. *L*. Calice à 4 a 5 dents membraneuses ; corolle urcéolée ou rotacée, à 4 lobes : baies.

1. A. MYRTILLE. V *myrtillus*. *L*. Petit sous-arbrisseau rameux, ayant l'aspect du Buis nain, à f. en grelot, un peu roses. auxquelles succèdent des baies d'un bleu noirâtre, agréables à manger. CCC. Sur la terre de bruyère. dans les taillis de la forêt des Ardennes, et autres, couvrant des espaces.

2. A. FANGEUSE. V. *uliginosum*, *L*. Petit arbuste à tige et rameaux anciens cendrés. les nouveaux rougeâtres ; f. veinées, réticulées de rouge, blanchâtres en dessous ; f. en grelots, roses. R. mais C. dans certains marais tourbeux au nord-est. Baies noires.

3. A. CANNEBERGE. V. *oxycoccus*, *L*. Tiges filiformes. dures, feuillées, couchées sur la tourbette. f. rouges, rotacées, à pédoncules allongés rougeâtres ; baies rouges, acides. C. dans les marais tourbeux du nord.

4. A. PONCTUÉE. V. *vitis-idæa*, *L*. Très-petit arbuste à f. persistantes, ponctuées en dessous : f rougeâtres. campanulées. en petites grappes pendantes ; baies rouges. RR. Sur la terre de bruyère dans les bois montagneux.

2me SECTION. — *Fruits capsulaires, déhiscents.*

20me Tribu. — CAMPANULÉES.

F. à corolle campanulée ou rotacée, à 5 lobes ; f. alternes ; f. capsulaires, couronnées par les divisions du calice, polyspermes.

1re *Famille*. CAMPANULE. *Campanula*, **L.** Calice et corolle 5-lobés, 5 étamines dilatées en membranes à la base, style à 3 ou 5 stigmates filiformes : f. bleues, rarement blanches : 1res fleurs pédonculées.

1. C. À F. RONDES. C. *rotundifolia*, **L.** Calice à divisions subulées 2 fois plus courtes que la corolle ; f. bleues, à pédicelles arqués. CCC. partout.

2. C. RAIPONCE. C. *rapunculus*, **L.** ♂ F. en une panicule terminale en forme de grappe allongée dressée. CCC. Prés. Racine charnue.

3. C. RAPONCULE. C. *rapunculoïdes*, **L.** C. *nutans*. *Lam.* Racine charnue ; f. d'un bleu rougeâtre, ord. solitaires, formant une longue grappe spiciforme presque unilatérale ; f. ciliées, scabres. C Les bois, les champs.

4. C. GANTELÉE. C. *trachelium*, **L.** C. *urticifolia*, *S.* Tige robuste ; f. bleues ou violettes, formant une grappe dressée ; calice hérissé de poils blancs. C Les bois.

5. C. À F. DE PÊCHER. C. *persicifolia*, **L.** F. larges solitaires sur les pédoncules, formant une grappe pauciflore. R. Bois du sol crayeux, sablonneux.

6. C. GLOMÉRÉE. C. *glomerata*, **L.** F. bleues

sessiles, en petits paquets de 3 à 4 fleurs, axillaires ou au sommet. C. Terrains secs.

7. C. FARINEUSE. C. *farinosa*, K. C. *salviæfolia*, W. F. bleues pâles, f. elliptiques, finement ridées, blanchâtres, farineuses. R. Terrain crayeux, sablonneux.

8. C. CERVICAIRE. C. *cervicaria*, L. F. en glomérules latéraux et terminaux pluriflores; f. rudes, hispidées. R. Bois.

9. C. LIERRÉE. C. *hederacea*, L. F. petites, bleu pâle, solitaires, rares; tige faible; f. cordiformes, 5-lobées. RR. Lieux couverts des bois.

2me — SPÉCULAIRE. *Specularia*, H. Corolle rotacée, violette, en panicules feuillées, capsules linéaires; 3 stigmates filiformes.

1. S. MIROIR. S. *speculum*. D. *Campanula* — L. Tiges anguleuses, à rameaux florifères, diffus, par touffes. CCC. Les moissons. Juillet.

2. S. HYBRIDE. S. *hybrida*, D. *Campanula* —, L. F. d'un violet rougeâtre, à corolle cachée par le calice. C. Moissons du terrain crayeux. Juin

3me — JASIONE. *Jasione*, L. F. bleues, pédonculées, en ombelles globuleuses terminales; 2 stigmates.

1. J. DES MONTAGNES. J. *montana*, L. F. petites, sessiles, ondulées, linéaires et hérissées de poils blancs. Juin. C. Lieux secs.

2. J. VIVACE. J. *perennis*, L. Tiges simples, feuillées; f. en rosettes, non ondulées; pédoncule terminal portant une tête de fleurs assez grosse. RR. Terrain de bruyère des collines partie est

4me—RAIPONCE. *Rapunculus*, *T*. *Phyteuma*, **L.**
Corolle à cinq divisions linéaires, d'abord rapprochées par le sommet en un tube arqué, ensuite irrégulièrement étalées.

1. R. A ÉPI. R. *spicatus*, *T*. *Phyteuma* —, **L.** Racine charnue pivotante ; f. d'un blanc jaunâtre en
épi oblong, muni de bractées subulées. Juin. C.
Bois couvert.

2. R. ORBICULAIRE. R. *orbicularis*, *Sup. Phyteuma* —, **L.** F. bleues en capitule muni de bractées ovales aiguës. C. Bois.

3. R. NOIRATRE. *Phyteuma nigrum*, *Sch.* F.
bleu-foncé, en épi allongé. R. Sables.

Dans les parterres, les LOBÉLIES, *Lobelia cardi-
nalis, fulgens, scarthova.*

<hr>

3me *SECTION. — Fruit sec, monosperme,
indéhiscent.*

21me Tribu. — VALÉRIANÉES.

Corolle en entonnoir.

1re *Famille.* VALÉRIANE. *Valeriana*, **L.** Calice
à divisions roulées en dedans à la floraison, se dé-
roulant en aigrette à la maturité ; corolle à tube
bossu à la base ; fruit couronné par une aigrette.

1. V. OFFICINALE. V. *officinalis*, **L.** Tige élevée,
f. blanches ou un peu rosées, en corymbes ; f.
pinnatiséquées. CCC. Bois-taillis, fréchis.

Sa racine sèche est ordonnée contre les maladies
comateuses, convulsives, périodiques irrégulières,
hystériques, la chlorose, la chorée, l'épilepsie, etc.

En poudre, à la dose de 4 à 8 grammes, réitérée 2 à 5 fois le jour ; ou en infusion, 15 grammes de racine par litre d'eau.

2. V. DIOÏQUE. **V.** *dioica,* *L.* F. radicales et les fasciculeuses entières, les caulinaires, lyrées, pinnatiséquées. C. Les marais.

Dans les jardins : les VALÉRIANES ROUGES et ROSES, *Centranthus ruber,* **D.**; la V. DES JARDINS. **V.** *phu,* *L.* L'une et l'autre subspontanées.

2me — VALÉRIANELLE. *Valerianella,* *T.* Tiges dichotomes; f. solitaires, rapprochées au sommet des rameaux en cymes ou en glomérules : fruit couronné par le limbe du calice.

1. V. POTAGÈRE. **V.** *olitoria,* *M.* V. *locusta,* *L.* Doucette. F. blanches ou un peu bleuâtres ; f. en rosette. CCC. Les jardins. Se mange en salade. Avril.

2. V. CARÉNÉE. **V.** *carinata,* **Lois.** Fruit oblong subtétragone creusé en nacelle. CC. Lieux cultivés.

3. V. DENTÉE. **V.** *dentata,* *S.* Calice fructifère formant une dent aiguë plus étroite que le fruit. R. Terrain de craie.

Var. à fruit velu. **V.** *pubescens,* *M.* Moins rare. Moissons.

4. V. OREILLETTE. **V.** *auricula,* **D.** Fruit ovoïde à 3 lobes, séparés par des sillons inégaux, à 3 dents, dont une allongée. R. Moissons du terrain de craie.

5. V. COURONNÉE. **V.** *coronata,* **D.** Limbe du calice développé en une coupe ample et creuse à 6 dents terminées en arêtes. RR. Champs au nord-ouest.

22me Tribu. — DIPSACÉES.

F. en forme de capitule solitaire; chaque fleur
munie d'involucelle et d'un calice, et le capitule
muni d'involucre; fruit renfermé dans l'involucelle et surmonté par le calice.

1re *Famille*. CARDÈRE. *Dipsacus, L.* Involucre
composé de folioles épineuses.

1. C. SAUVAGE. D. *sylvestris, M.* Capitules
ovoïdes oblongs très-gros; f. d'un rose-lilas ou
blanches. CCC. Les chemins. ♂

2. C. POILUE. D. *pilosus, L.* F. d'un blanc-jaunâtre, en capitules ronds; f. divisées en trois segments, le terminal ample, les latéraux petits. Pas
R. près des habitations.

Le CHARDON A FOULON. D. *fullonum, L.*, est cultivé pour l'usage des manufactures.

2me *Fraction*. — SCABIEUSES.
Capitules sans aiguillons.

1re *Famille*. SCABIEUSE. *Scabiosa, L.* F. en
capitules, à corolle 5-fides, les extérieurs plus
grands, rayonnants; involucelle à 8 côtes, ou subtétragone; calice à cinq arêtes.

1. S. DES CHAMPS. S. *arvensis, L.* F. inf^res
oblongues, rétrécies en pétiole, les sup^res presque
ailées, à lobes lancéolés; f. d'un rose-lilas. Involucelle à 4 dents courtes. CCC. Les champs, les
prés.

2. S. SUCCISE. S. *succisa, L.* F. bleu-foncé,
corolle 4 divisions en capitules; f. oblongues,
entières, vertes. CCC. Pelouses des bois,
les bruyères.

Préconisée. en décoction. contre les affections chroniques de la peau.

3. S. COLOMBAIRE. *S. columbaria, L.* F. bleuâ-tres. rosées, en tête sphérique après la floraison ; calice à arêtes noires ; f. pinnatifides à segments linéaires, les inférieures entières, caduques. CCC. Prairies et collines sèches.

4. S. DES BOIS. *S. sylvatica, L.* F. d'un rouge-violet, en capitules sur des pédoncules pubescents , f. inf^res rétrécies en un pétiole ailé. RR. Bords des bois au nord-est.

5. S. A F. DE PAQUERETTE. *S. bellidifolia, Lam.* Cap. petits, rougeâtres. RR. Champs arides.

Dans les jardins, les SCABIEUSES BISANNUELLES à f. purpurines. *S. atropurpurea. S. stellata, L..* à f. blanchâtres.

23me Tribu. — Les COMPOSÉES.

F. en capitules, flosculeux. radiés, ou semi-flosculeux, sessiles sur un réceptacle commun : à involucre composé de folioles. d'écailles herbacées, épineux. scarieux ou membraneux. F akène. 1-sperme. indéhiscent.

1re *Fraction.* — FLOSCULEUSES.

Capitules composés de fleurons. Cardanacées Plantes très épineuses. Style capité.

1re *Famille.* PÉDANE. *Onopordum acanthium, L.* Le plus vaste des chardons. à tige largement ailée. épineuse. aranéeuse, et aussi les feuilles ; à capitules globuleux épineux ; fleurons purpurins; réceptacle alvéolé. CR. Bords des chemins.

2me — CHARDON. *Carduus, T.* Tige ailée épi

neuse ; involucre à folioles imbriquées très-épineuses ; aigrette à soie scabre ; fleurons purpurins.

1. C. PENCHÉ. C. *nutans*, *L.* Involucre à folioles
réfractées ; capitules subglobuleux, penchés. CCC.
Les chemins.

Var. à folioles dressées.

2. C. FRISÉ. C. *crispus*, *L.* Capitules petits ;
pédoncules chargés de décurrences épineuses ; f.
vertes. CCC. Lieux incultes.

3. C. ACANTHIN. C. *acanthoides*, *T.* Capitules cylindriques, sessiles au sommet des rameaux, assez
petits ; involucre à folioles arquées en dehors. Pas
C. Lieux incultes.

4. C. LANCÉOLÉ. C. *lanceolatus*, *L.* ♂ Capitules
coniques gros, subsolitaires ; inv. à folioles subulées. CC. Bois-taillis.

5. C. DES MARAIS. C. *palustris*, *L.* ♂ Tige élevée ; cap. ovoïdes petits, agglomérés, terminaux ;
involucres cotonneux à folioles ovales épineuses.
CC. Bords des eaux, bois.

6. C. A PETITES FLEURS. C. *tenuiflorus*, *S.* Cap.
sessiles, cylindriques, allongés. R. Collines arides.

3bis — CIRSE. *Cirsium*. *T.* Tige non ailée ; involucre à épines faibles ; aigrette plumeuse, caduque.

1. C. DES CHAMPS. C. *arvense*, *Lam. Serratula* —
L. Capit. ovoïdes, assez petits, à fleurons d'un rose
cendré. CCC. Les champs, les moissons où ils
gênent.

Var. à f. tomenteuses, blanches en dessous.

2. C. NAIN. C. *acaule*, *Lam.* Tige presque nulle
CCC. Pelouses.

3. C. ANGLAIS. C. *anglicum*, *Lam.* Tige et f.

blanches, tomenteuses. laineuses ; involucre peu mucroné. CC. Prés. marais.

4. C. POTAGER. C. *oleraceum, All. Cnicus* —, *L.* Capit. ovoïdes. assez gros, à fleurons jaunâtres. CC Bords des eaux. bois.

5. C. LAINEUX. C. *eriophorum. S. Carduus* —. *L.* Capit. globuleux. très-gros. solitaires. purpurins ; involucre à folioles spatulées, laineuses. épineuses. C. Terrain calcaire. bords des routes.

6. C. HYBRIDE. C. *hybridum. K.* Capit. allongés assez gros ; fleurons jaunâtres. quelquefois purpurins. groupés au sommet des rameaux, munis de bractées étroites. RR. Marais.

4me — CHARDON-MARIE. *Silybium marianum, S. Carduus marianus. L.* Involucres ciliés d'épines ; f. marbrées de blanc. RRR. spontané. mais assez C. dans quelques jardins. plutôt comme plante curieuse qu'alimentaire.

5me — CARLINE. *Carlina vulgaris, L.* Capitules solitaires comme radiés; involucre à folioles extérieures foliacées, épineuses. les intérieures scarieuses colorées. plus longues que les fleurons jaunâtres. C. Terrains arides.

Dans les potagers, l'ARTICHAUT. *Cynara scolymus, L.* ; le CARDON, *Cynara cardunculus, L.*

6me — CARTHAME LAINEUX. *Carthamus lanatus, L.* Capitules à fleurons jaunes ; involucre à folioles extérieures pinnatilobées, épineuses. les intérieures lancéolées épineuses. CC Bords des chemins.

2. C. DOUX. *C. tinctorius, L.* Capit. solitaire. à f. bleues. R. Bords des vignes

Dans les jardins : le CHARDON BÉNIT. *Cnicus be-nedictus*; le CARTHAME DES TEINTURIERS, dont les fleurs servent à teindre en rose; l'ECHINOPS AZURÉ.

7me — BARDANE. *Lappa, T.* Involucre à folioles extérieures subulées, à pointe en crochet, les intérieures lancéolées.

1. B. MINEURE. *L. minor, D.* Capitules petits, involucre glabre, à folioles purpurines. CCC. Bords des chemins.

2. B. MAJEURE. *L. major, D.* Capitules gros, involucre à folioles vertes. C. Chemins humides.

3. B. TOMENTEUSE. *L. tomentosa, Lam.* Involucre tomenteux blanc, aranéeux. C. Bords des routes, lieux incultes.

8me — SARRÈTE. *Serratula tinctoria, L.* Involucres cylindriques, à fleurons pourpre foncé; capitules en corymbe serré. C. Bois.
Son suc fournit une belle teinture jaune.

9me — CENTAURÉE. *Centaurea, L.* Capitules terminaux, involucre imbriqué, à écailles scarieuses, ciliées ou épineuses.

1re SECTION. — *Folioles de l'involucre non épineuses.*

1. C. JACÉE. *C. jacea, L.* Écailles de l'involucre ord. scarieuses, luisantes, incisées, les internes ciliées, planes, suborbiculaires. CCC.

1re var. DES PRÉS. Chevalou. Grosses têtes scarieuses à f. purpurins.

2me var. DES CHAMPS. Plus rameuse, à tiges rougeâtres.

3me var. NOIRATRE. Plante ayant une teinte noirâtre.

1re var. CENDRÉE. Plante blanche et cotonneuse légèrement.

2. C. NOIRE. *C. nigra, L.* Folioles de l'involucre à appendice noir, lancéolées, pectinées, ciliées. CCC. Prés secs.

3. C. SCABIEUSE. *C. scabiosa, L.* Capitules assez gros, à fleurons purpurins, ceux de la circonférence rayonnants; f. pinnatipartites à lobes pinnés. CC. Champs.

4. C. BLEUET. *C. cyanus, L.* Cap. solitaires, à longs pédoncules, à fleurons bleus. CC. Moissons.

2me Section. — *Folioles de l'involucre très-épineuses, pinnatipartites à la base.*

5. C. CHAUSSETRAPE. *C. calcitrapa, L.* Chardon étoilé. Capitules sessiles, unilatéraux, à fleurons rouges. CC. Bords des chemins.

6. C. SOLSTITIALE. *C. solstitialis, L.* Tige ailée foliacée très-épineuse; fleurons jaunes. R. Prairies artificielles.

2me *Fraction.*

Capitules flosculeux en corymbes.

1re Section. — *Fleurons rougeâtres.*

1re *Famille.* EUPATOIRE. *Eupatorium cannabinum. T.* Capitules nombreux, à fleurons longuement dépassés par le style. CC. Lieux humides.

Plante élevée. Purgatif drastique peu usité : la racine en décoction.

2me Section. — *Fleurons jaunâtres.*

2me — PÉTASITE. *Petasites officinalis, M. Tussilago petasites, L.* Capitules disposés, à fleurons nombreux en une panicule spiciforme serrée; les individus hermaphrodites, stériles; les femelles, fertiles; f. amples radicales, très-grandes, cordées, blanchâtres en dessous. R. Bords des eaux.

5ᵐᵉ — ARMOISE. *Artemisia, L.* Capitules petits, nombreux, en épis réunis en panicules; inv. ovoïde.

1. A. COMMUNE. A. *vulgaris, L.* Capitules subsessiles, à inv. tomenteux, et aussi les f. pinnatipartites. CCC. Près des habitations.
Usité dans l'aménorrhée.

2. A. DES CHAMPS. A. *campestris, L.* Capitules pédicellés, à inv. glabre; f. bi-tripinnatiséquées. Assez R. Les champs.

Dans les jardins : l'ABSINTHE. A. *absinthium, L.*, à odeur forte, très-amère; usitée pour tonifier les liqueurs.
L'ESTRAGON, A. *dracunculus, L.*, est cultivé dans les potagers.
La CITRONNELLE, A. *abrotanum, L.*
L'Absinthe devient spontanée près des vieilles habitations.

4ᵐᵉ — TANAISIE. *Tanacetum vulgare, L.* Capitules nombreux, hémisphériques, en corymbes compactes; tige élevée; f. pinnatiséquées à segments pinnatipartites. Juillet. CCC. Lieux humides.

Dans les jardins : var. à f. crépues. MENTHE COQ. T. *balsamita*; la TANAISIE BALSAMITE. qui sont vermifuges, en substance ou infusion; l'OEILLET D'INDE, *Tagetes patula, L.*; la ROSE D'INDE, *Tagetes erecta. L.*, à pédoncules renflés. ●

3ᵐᵉ SECTION. — *Fleurons d'un blanc jaunâtre.*

5ᵐᵉ — MICROPE. *Micropus erectus. L.* Capitules à écailles lâches sur deux rangs, laineuses.

comme toute la plante, qui est diffuse. C. Champs de craie.

6me — COTONNIÈRE. *Filago*, *T*. Capitules très-petits, en glomérules serrés, inv. imbriqué à 5 angles, tomenteux.

1. C. DE JUSSIEU. F. *Jussiæi*, *C*. et *G*. Capitules coniques dépassés par les folioles de l'involucre, cuspidées, scarieuses, jaunâtres. C. Les champs du terrain de craie.

2. C. GERMANIQUE. F. *germanica*, *L*. Cap. cylindriques plongés dans un tomentum épais remplaçant l'involucre, en glomérules globuleux. CCC. Les champs.

3. C. SPATULÉE. F. *spatulata*, *P*. Tige très-rameuse, courte, blanche; f. spatulées. R. Champs du terrain de craie.

4. C. DE MONTAGNE. F. *montana*, *L*. F. *minima*, *Fr*. Capitules ovoïdes, formant des glomérules anguleux ; f. linéaires, tomenteuses. Assez C. Bois et champs.

5. C. DES CHAMPS. F. *arvensis*, *L*. Cap. à 8 côtes, inv. laineux, linéaire. R. Les champs sablonneux.

6. C. DE FRANCE. F. *gallica*, *L*. *Subulata*, *C*. Inv. à folioles sur 5 rangs, à extrémité scarieuse jaunâtre, couvert d'un tomentum soyeux. R. Champs limoneux.

7me — PERLIÈRE. *Gnaphalium*, *L*. Capitules à fleurons peu apparents ; folioles de l'involucre glabres, scarieuses, colorées. Plantes tomenteuses blanchâtres.

1. P. DES MARAIS. G. *uliginosum*. *L*. G. *ramo-*

sum, Lam. ⊛ Cap. en glomérules feuillés; invol. jaunâtre. CCC. Champs humides. bois, marais.

2. P. DES BOIS. G. *sylvaticum, L.* Cap. en épis axillaires formant une panicule effilée; tige soliaire, raide, feuillée. C. Montagne.

Var. PANICULÉE. *Paniculatum.* **De M.** Rameuse en haut.

3. P. DIOÏQUE. G. *dioicum. L.* Capitules a fleurons mâles. blancs ; capitules femelles à fleurons rouges ; en corymbe ombelliforme. CCC. Pied de chat. Sur les pâtis.

4. P. DES SABLES G. *arenarium.* Plante très-cotonneuse, à inv. d'un jaune rougeâtre, ovoïde. RR.

5. P. JAUNE-BLANC. G. *luteo-album, L.* ⊛ Capitules en glomérules formant au sommet des tiges des corymbes ; involucre luisant. d'un jaune pâle. Juillet. R. Bois.

Dans les parterres. les SANTOLINES.

7me SECTION. -- *Fleurons jaunes.*

8me — SENEÇON. *Senecio vulgaris, L.* ⊛ Capitules petits, en corymbes ; involucre à écailles accessoires à pointe aiguë, noirâtre. cylindrique. CCC. Lieux cultivés.

9me — BIDENT. *Bidens, L.* Involucre sur 2 ou 3 rangs : les folioles intérieures brunes à bords scarieux. les extérieures foliacées.

1. B. CHANVRIN. B. *cannabina, Lam.* B. *tripartita. L.* Tige subtétragone, à rameaux opposés ; f. ord. tripartites. quelquefois entières. dentées. Juillet à CCC. Bords des eaux.

2. B. PENCHÉ. B. *cernua. L.* F. longuement

lancéolées et profondément dentées, à bords scabres; cap. penchés, à fleurons quelquefois ligulés.
Assez R. Marais.

10me — CHRYSOCOME LINIÈRE. *Chrysocoma
linosyris*, *L.* Fleurons 5-fides; tiges grêles garnies
de f. linéaires. R. Bois.

3me *Fraction*. — FLOSCULEUSES RADIÉES.
*Capitules à fleurons du centre tubuleux, ceux de la
circonférence ligulés femelles.*

1re SECTION. — *Fleurons jaunes.*

1re *Famille*. JACOBÉE. *Jacobæa*. T. Invol. à
folioles sur un seul rang, ord. noirâtre au sommet,
muni à sa base d'écailles courtes; f. jaunes en corymbe.

1 J. COMMUN. J. *vulgaris*. *Senecio jacobæa*, *L.*
Tige élevée; rameaux dressés; rayons étalés; capitules nombreux en corymbe; f. inf^res lyrées, les
sup^res pinnatipartites. CCC. Bois, etc.

2. J. A F. DE ROQUETTE. J. *erucæfolius*, *Senecio* —. *L.* Corymbe ample; invol. à folioles oblongues; f. pinnatipartites, aranéeuses en dessous.
CCC. Bois secs.

3. J. SENEÇON. J. *senecio*. *Senecio sylvaticus*, *L.*
Capitules petits, à fleurons ligulés courts, enroulés en dehors; f. pinnatifides. Bois montagneux.

4. J. AQUATIQUE. J. *aquatica*. Tige souvent rougeâtre; f. lyrées, pinnatipartites; capital. hémisphériques. R. Étangs, lieux aquatiques.

5. J. DE FUCHS. J. *Fuchsii*. *Senecio saracenica*, *L.*
Pol. Capitules à fleurons jaune pâle, les ligulés
peu nombreux; f. lancéolées, dentées. R. Bois
montagneuses.

6. J. VISQUEUSE. J. *viscosa*. Fleurons ligulés roulés en dehors. jaune pâle ; f. visqueuses, pinnatifides. Assez C. Bois-taillis, carrières.

7. J. DES MARAIS. J. *paludosa*. Senecio —, *L.* Tige élevée. sillonnée, aranéeuse; f. lancéolées. CC. Bord des eaux.

8. J. DES BOIS. J. *sylvatica*. Tige simple ; f. pinnatifides, velues ; fleurons ligulés roulés en dehors. R. Bois sablonneux.

Dans les parterres, le SENEÇON ÉLÉGANT, J. *elegans*. ✹

———

2ᵐᵉ — TUSSILAGE. *Tussilago farfara*, *L.* Capitules solitaires à l'extrémité des pédoncules radicaux courts. paraissant avant les feuilles; f. orbiculaires. CCC. Lieux humides.

Les f. de Pas-d'Ane sont adoucissantes.

L'HÉLIOTROPE D'HIVER, T. *flagrans*, est C. dans les jardins.

———

3ᵐᵉ — SOUCI. *Calendula arvensis*, *L.* ✹ Fleurons d'un jaune safrané, les ligulés, barbus à la base, femelles; f. ovales, sessiles. CCC. Vignes.

Le SOUCI DES JARDINS. C. *officinalis*, *L.*, subspontané. Son infusion est préconisée contre la chlorose.

———

4ᵐᵉ — CINÉRAIRE. *Cineraria lanceolata*, *Lam.* Capitules à invol. bractéiforme à la base, en corymbe ombelliforme ; f. spatulées. blanches en dessous. R. Bois humides, taillis.

2. C. DES MARAIS. C. *palustris*, *L.* F. amplexicaules. sinuées. dentées. RR.

———

5ᵐᵉ — DORONIC. *Doronicum*, *L*. Inv. à folioles linéaires sur 2 rangs ; f. d'un beau jaune.

1. D. CORDIFORME. D. *cordatum*, *Lam*. Pétioles velus ; longs pédoncules. RR. Pelouses des montagnes.

2. D. PLANTAGINÉ. D. *plantagineum*, *L*. F. radicales pétiolées, les caulinaires amplexicaules. R. C. les jardins.

6ᵐᵉ — ARNICA. *Arnica montana*, *L*. Tige simple, ordinairement uniflore ; f. grandes, jaunes, terminales ; f. épaisses, opposées. R. Près des hautes montagnes.
Fleurs stimulantes, en infusion, dans les paralysies.

2. A. SCORPIOÏDE. A. *scorpioides*, *L*. Cap. grand. velu ; f. alternes. RR. Montagnes humides.

7ᵐᵉ — VERGE D'OR. *Solidago virga aurea*, *L*. Capitules en grappes dressées, ordinairement unilatérales ; fleurons jaunes, les ligulés rares ; f. oblongues. CCC. Les taillis.
Dans les jardins, la GERBE D'OR, S. *Canadensis*. à petits capitules.

8ᵐᵉ — AUNÉE. *Inula*, *L*. Capitules ord. gros, les ligulés allongés ; invol. à folioles imbriquées.

1. A. CHAMPENOISE. I. *helenium*, *L*. *Enula campana*. Capitules très-gros, à inv. foliacé, tomenteux, ovales ; tige élevé, robuste ; f. oblongues. lancéolées, très-grandes. CC.
Sa racine, amère, aromatique, donne de la tonicité aux vins faibles, à la bière.

2. A. SAULIÈRE. I. *salicina*. L. F. lancéolées,

luisantes, coriaces, à bords scabres. C. Marais du terrain crayeux.

5. A. BRITANNIQUE. I. *britannica*, *L*. Capitules assez gros, à invol. à folioles linéaires ; f. molles, velues. C.

—————

9me — CONYSE. *Conyza squarrosa*, *L*. *Inula conyza*, *D*. Tige robuste ; f. réticulées, pubescentes ; invol. à folioles ext^res courbées au sommet, les int^res scarieuses, rougeâtres, dépassant les extérieures ; capitules nombreux, à f. jaune pâle. CCC. Lisière des bois.

—————

10me — PULICAIRE. *Pulicaria*, *G*. Capitules solitaires, en corymbes feuillés, à inv. tomenteux ; f. oblongues.

1. P. COMMUNE. P. *vulgaris*, *S*. *Inula pulicaria*, *L*. Capitules nombreux, globuleux, à f. ligulés, dressés, courts. C. Lieux humides.

2. P. DYSENTÉRIQUE. P. *dysenterica*, *G*. *Inula —*, *L*. Capitules hémisphériques, tomenteux, à f. ligulés, rayonnants, allongés ; f. blanchâtres en dessous. CCC. Marais.

—————

2me SECTION. — *Fleurons ord. bicolores, les ligulés femelles, les tubuleux hermaphrodites, jaunes.*

11me — CHRYSANTHÈME. *Chrysanthemum*, *L*. Capitules assez gros, solitaires ; réceptacle convexe ; f. ligulés blancs, les tubuleux jaunes, excepté une espèce.

1. C. DES MOISSONS. C. *segetum*, *L*. Capitules assez gros, à fleurons tubuleux et liguleux, jaunes. CCC. Moissons des limons.

2. C. LEUCANTHÈME. C. *leucanthemum*, *L*. Capitules grands, solitaires ; f. oblongues, dentées, incises, sessiles. CCC. Prés, champs.

3. C. INODORE. C. *inodorum*, *L*. Capitules solitaires ; f. bi-tripinnatiséquées ; tiges couchées à la base, rougeâtres. C. Moissons.

4. C. CORYMBEUX. C. *corymbosum*, *L*. Invol. à folioles scarieuses noirâtres aux bords ; f. pinnatiséquées, à segments pinnatipartites. R. Bois montueux.

Dans les parterres : le CHRYSANTHÈME DES JARDINS, C. *coronarium*, *L*.; le C. DE LA CHINE, C. *sinense*, *L*., et leurs cent variétés ; comme aussi la TANAISIE ODORANTE, C. *tanacetum*, *L*.

12ᵐᵉ — MATRICAIRE. *Matricaria*, *L*. Capitules nombreux; invol. à folioles imbriquées, scarieuses aux bords, blanchâtres.

1. M. CAMOMILLE. M. *chamomilla*, *L*. Capitules aromatiques nombreux, solitaires au sommet des rameaux ; f. bi-tripinnatiséquées, à segments linéaires étalés. Juin. R. dans les moissons. C. les jardins, à f. tous ligulés.

2. M. COMMUNE. M. *parthenium*, *L*. Capitules formant un corymbe ; f. pinnatiséquées à segments obtus ; réceptacle très-convexe. CC. Voisinage des habitations, des murs.

La M. Camomille a, à peu près, les propriétés amères aromatiques de la Camomille noble.

13ᵐᵉ — CAMOMILLE. *Anthemis*, *L*. *Chamaemelum*, *T*. Involucre hémisphérique, à folioles imbriquées largement scarieuses ; capitules solitaires à l'extrémité des rameaux.

1. C. DES CHAMPS. A. *arvensis*, *L*. Pédoncules souvent renflés en haut ; f. peu odorantes ; f. bipinnatiséquées. CCC. Les champs.

2. C. PUANTE. **A.** *cotula*, **L.** F. bipinnatiséquées, à odeur très-forte. CCC. Moissons des limons.

3. C. NOBLE. **A.** *nobilis*, **L.** Tiges presque couchées ; f. aromatiques pinnatiséquées, à nervure moyenne élargie, à folioles linéaires. Juin. R. Champs du terrain de craie.

Cultivée, à fleurons tous ligulés. Ses fleurs sont un amer aromatique assez usité, en infusion, dans les convalescences.

4. C. MIXTE. **A.** *mixta*, **L.** ◉ Fleurons ligulés, marqués de jaune à la base. RR. Les champs cultivés.

5. C. TEINTURIÈRE. **A.** *tinctoria*, **L.** Tiges dures. cotonneuses ; f. bipinnatifides, les pinnules pectinées ; f. entièrement jaunes, grandes. RR. Champs et terrains secs.

Ses fleurs servent à la teinture jaune.

14ᵐᵉ — ACHILLIÈRE. *Achillea,* **L.** Capitules en corymbes rameux ; fleurons tous de la même couleur, les ligulés à limbe orbiculaire ; involucre entouré d'un rebord scarieux brunâtre.

1. A. MILLEFEUILLE. **A.** *millefolium*, **L.** Fleurons blancs, quelquefois rouges ; f. bipinnatiséquées à segments linéaires, mucronés. CCC. Les champs.

2. A. PTARMIQUE. **A.** *ptarmica*, **L.** F. indivises finement dentées, linéaires, raides, glabres ; fleurons blancs. C. Marais.

Le BOUTON D'ARGENT. dans les parterres, est une variété à f. tous ligulés.

Les f. et les f. en poudre sont sternutatoires.

15ᵐᵉ — VERGERETTE. *Erigeron,* **L.** Invol. à folioles linéaires : fleurons ligulés à limbes linéaires courts.

1. V. ACRE. E. *acre, L.* Fleurons de la circonférence d'un rose violet dépassant peu les autres ;
tige hérissée, ord. rougeâtre ; aigrette roussâtre.
CCC. Taillis, pelouses sèches.

2. V. PANICULÉE. E. *canadense, L.* Capitules en
grappes latérales ; fleurons de la circonférence
d'un blanc jaunâtre, dépassant peu ceux du centre ;
f. velues rudes. CC. Les bois, les champs sablonneux secs.

3. V. ANNUELLE. E. *annuum . P.* F. ligulés
blancs ; f. inf^{res} pétiolées, les sup^{res} sessiles. RR.

16me— OEIL DE CHRIST. *Aster amellus, L.* Tige
moyenne ; capitules en corymbe ; f. ligulés bleus,
ceux du centre jaunes. Pas R. Bois argileux calcaires.

Dans les jardins : la REINE MARGUERITE, A. *sinensis*, et ses cent variétés ; l'ASTER DES ALPES,
A. *alpinus*, et d'autres Aster vivaces : *albus, bi-
color, roseus, maritimus,* etc.

17me — PAQUERETTE. *Bellis perennis, L.* F.
en rosette ; pédoncule court, radical, uniflore ;
f. ligulés blancs, les tubuleux jaunes. CCC.

Dans les jardins : les SOLEILS, *Helianthus annuus, L.*; S. VIVACE, H. *multiflorus, L.*; le TOPI-
NAMBOUR, H. *tuberosus.* Les tiges et les feuilles,
concassées et macérées dans l'eau, forment une
liqueur vineuse, spiritueuse, très-agréable.

4me *Fraction.* — SEMI-FLOSCULEUSES.

PISSENLITS.

*Capitules à fleurons jaunes tous ligulés, solitaires,
terminaux.*

1re *Famille.* PISSENLIT. *Taraxacum, J.* Capitule solitaire à l'extrémité de pédoncule radical, nu, fistuleux.

1. P. OFFICINAL. T. *officinale*, **W**. Inv. à folioles externes réfléchies ; pédoncule glabre ; f. roncinées. CCC. Prés, bois. Avril.

2. P. DENT DE LION. T. *dens leonis*, **Desf**. Inv. à folioles extérieures étalées ; f. profondément roncinées. CCC. Terrains secs. Avril.

3. P. DES MARAIS. T. *palustre*, **Desf**. Inv. à folioles dressées ; f. presque linéaires. R. Prés humides.

Les Pissenlits remplacent la Chicorée.

2ᵐᵉ — DENT DE LION. *Leontodon*, **L**. Tige rameuse, polycéphale, quelquefois acaule.

1. D. HÉRISSÉE. L. *hirtum*, **L**. Pédoncule radical hérissé de poils blancs bifurqués, à gros capitule ; f. hérissées, roncinées ou entières ; inv. glabre ou hérissé. Juillet. CCC.

2. D. FER DE LANCE. L. *hastile*, **L**. Plante très-variable, qui se distingue de la précédente par ses f. souvent en fer de lance, et ses capitules d'un jaune plus foncé. CCC. Prés et bois.

3. D. D'AUTOMNE. L. *autumnale*, **L**. Pédoncules tigiformes, écailleux; rameaux polycéphales. CCC. partout.

3ᵐᵉ — PORCELLE. *Hypochœris*, **L**. Involucre oblong, imbriqué; f. toutes radicales, ord. roncinées en rosette : tige à bractées courtes.

1. P. RADIQUEUSE. H. *radicata*, **L**. Inv. à folioles membraneuses aux bords, courtes; f. hispidées. CC. partout.

2. P. GLABRE. H. *glabra*, **L**. Inv. au moins aussi

long que les fleurons ; f. glabre. R. Bords des bois.

3. P. TACHÉE. H. *maculata, L.* Tige velue, ord. à un seul rameau et à une ou deux feuilles; f. souvent tachées de rouge-brun. RR. Terre de bruyère dans les forêts.

4ᵐᵉ — SALSIFIS. *Tragopogon, L.* Involucre à folioles sur un seul rang et soudées à la base.

1. S. DES PRÉS. T. *pratense, L.* Pédoncules peu renflés au-dessous du capitule. CCC. Les prés.

2. S. MAJEURE. T. *majus, J.* Pédoncules très-renflés, capitules grands. C. Prairies.

Le S. CULTIVÉ, T. *porrifolium, L.* ♂, à fleurons violets.

5ᵐᵉ — SCORSONÈRE. *Scorzonera, L.* Invol. à folioles nombreuses imbriquées, ovales, obtuses.

1. S. HUMBLE. S. *humilis, L.* Tige moitié moins élevée que celle du salsifis, souvent cotonneuse en haut. CCC. Prés humides.

2. S. LACINIÉE. S. *laciniata, L.* Tiges cotonneuses ; f. pinnatifides, à 6 ou 8 dents aiguës et distantes. R. Terrains incultes.

On cultive le SCORSONÈRE D'ESPAGNE, S. *hispanica, L.* ♃

5ᵐᵉ *Fraction.*

SEMI-FLOSCULEUSES CHICORACÉES.

Capitules réunis en panicules, en fascicules ou en corymbes.

1ʳᵉ *Famille.* **LAMPSANE.** *Lampsana communis, T.* Capitules en panicule lâche; fleurs jaunes, f. infᵉˢ lyrées. CCC. Lieux cultivés, bois.

2ᵐᵉ — ARNOSÈRE. *Arnoseris minima*, **G.** *Hyoseris* —, **L.** Capitules 1 ou 3 au sommet des tiges ou des rameaux, à f. jaunes ; f. radicales en rosette ; pédoncules fistuleux se renflant de bas en haut. R. Champs sablonneux.

3ᵐᵉ — CHICORÉE SAUVAGE. *Cichorium intybus*, **L.** Capitules en fascicules axillaires, à f. bleues, rarement blanches ; f. infʳᵉˢ roncinées, les supʳᵉˢ lancéolées, sessiles. CCC. partout.

La CHICORÉE CULTIVÉE, C. *indivia*, **L.** Scarolo frisée.

La Chicorée sauvage est un amer laxatif usité qui, avec la diète, convient pour dissiper les embarras gastriques.

4ᵐᵉ — PICRIDE. *Picris hieracioides*, **L.** Tige assez élevée, hérissée, rude, les f. de même, sinuées, dentées ; capitules peu nombreux, jaunes, à involucre dépassant les fleurons. CC. Bois et champs des terrains calcaires. Forme naine sur les terrains arides.

5ᵐᵉ — PRÉNANTHE POURPRE. *Prenanthes purpurea*, **L.** *Chondrilla* —, **Lam.** Capitules à 5 ou 6 semi-fleurons pourpres, en panicule étalée ; inv. de 8 folioles ; f. infʳᵉˢ à pétiole ailé, les supʳᵉˢ cordées. RR. Bois montagneux couverts. C. dans les jardins, blanc et pourpre.

2. P. DES MURAILLES. P. *muralis*, **L.** *Lactuca* —, **D.** Inv. à 5 folioles ; f. petites d'un jaune pâle : f. pinnatifides. Pas R. Bois couverts, vieux murs.

6ᵐᵉ — HELMINTHIA VIPÉRINE. H. *echioides*, **D.** F. jaunes ; inv. à folioles cordées, épineuses ;

Plante branchue, à poils rudes. **RR**. Lieux cultivés

7ᵐᵉ— CHONDRILLE. *Chondrilla juncea*, *L.* Tiges très-rameuses, à rameaux allongés nus, verts ; capitules petits, jaunes ; inv. farineux. **C.** Moissons des terrains sablonneux.

8ᵐᵉ — LAITUE. *Lactuca*, *L.* Inv. oblong, à folioles extérieures petites, écailleuses ; capitules pauciflores.

1. L. VIVACE. *L. perennis*, *L.* Capitules en corymbes lâches, à semi-fleurons violacés, grands : f. pinnatipartites en rosette. **CCC.** Moissons.

2. L. SCAROLE. *L. scariola*, *L.* Capitules le long des rameaux, à fleurs jaunes ; f. roncinées, à bords ciliés épineux, à aiguillons sur la nervure moyenne. **C.** Bords des chemins et des vignes.

3. L. VIREUSE. *L. virosa*, *L.* Capitules sessiles le long des rameaux ; f. jaune-pâle ; f. à peu près entières, ovales, embrassantes, ciliées au bord. **RRR.** Champs crayeux.

Cette plante est narcotique. On l'emploie comme calmante, en décoction, 60 grammes par litre d'eau; ou, plus souvent, extrait à la dose de 5 à 10 centigrammes.

4. L. SAULIÈRE. *L. saligna*, *L.* Capitules formant des épis lâches rapprochés en panicule, à f. jaunes ; f. linéaires, sagittées, un peu hérissées, les infʳᵉˢ ord. roncinées. **C.** Bords des champs.

La LAITUE CULTIVÉE, *L. sativa*, *L.*, sous plusieurs variétés, dont les principales sont : LAITUE D'HIVER OU DE LA PASSION, la POMMÉE HATIVE, la COQUILLE, CHICON vert ou brun, ROMAINE blonde ou brune, etc.

9ᵐᵉ — LAITRON. *Sonchus*, *L.* Inv. conique,

imbriqué ; plantes fistuleuses, spinifères, glanduleuses, visqueuses, à suc laiteux abondant ; f. jaunes ; f. laciniées ou lyrées.

1. L. DES CHAMPS. *S. arvensis*, **L.** Capitules en corymbe irrégulier ; f. assez grandes et bien jaunes. Juin. CCC.

2. L. POTAGER. *S. oleraceus*, **L.** ⊙ Involucre à folioles extérieures épaisses, succulentes à la base ; f. à oreillettes aiguës, étalées. CCC. Lieux cultivés.

3. L. APRE. *S. asper*, **W.** ⊙ Capitules fructifères déprimés, terminés en pointe conique ; f. jaune-pâle ; f. à oreillettes arrondies. C. Lieux cultivés négligés.

4. L. DES MARAIS. *S. palustris*, **L.** Tige élevée, feuillée, glanduleuse ; f. sagittées, à oreillettes allongées aiguës. Assez R. Bords des eaux.

10ᵐᵉ — CRÉPIDE. *Crepis*, **L.** Capitules formant une panicule ou un corymbe irrégulier, à semi-fleurons jaunes ; inv. à folioles extérieures courtes, linéaires, pubescent ou farineux.

1. C. COMMUNE. *C. vulgaris. C. virens*, **V.** *Polymorpha*, **W.** ⊙ *Farinosa*, **Lam.** F. radicales en rosette, les caulinaires sagittées, pinnatifides ; inv. à folioles extérieures apprimées, CCC. Partout. Multiforme.

2. C. BISANNUELLE. *C. biennis*, **L.** Capitules grands, en corymbe ; inv. d'un vert noirâtre, recouvert d'un duvet blanchâtre ; f. grandes, hispides, ord. pinnatifides. CC. Prés humides.

3. C. FÉTIDE. *C. fœtida*, **L.** Capitules penchés avant la floraison, à longs pédoncules, en corymbe irrégulier ; inv. à folioles lancéolées, brunâtres, velues. CC. Champs du terrain crayeux.

4. C. A F. DE PISSENLIT. C. *taraxacifolia,* **Th.** Tige rougeâtre à la base ; f. jaunes, un peu rougeâtres en dehors. CC. Terrain crayeux.

5. C. DES TOITS. C. *tectorum,* **L.** Inv. pubescent, blanchâtre, parsemé de poils noirs raides ; f. caulinaires à bords roulés en dessous ; corymbe dressé. R. Murs en terre crayeuse.

6. C. ÉLÉGANTE. C. *pulchra,* **L.** *Prenanthes,* **D. W.** ◉ Tige élevée ; f. les inf^{res} en rosette, roncinées, pinnatifides, couvertes de poils glanduleux : corymbe ample, glabre. R. Bords des chemins.

7. C. DES MARAIS. C. *paludosa. Hieracium*—, **L.** Invol. hérissé de poils noirâtres glanduleux ; f. oblongues, dentées, les sup^{res} amplexicaules. RR. Lieux aquatiques.

8. C. RONGÉE. C. *præmorsa,* **T.** *Hieracium* —, **L.** Inv. cylindrique ; f. toutes radicales, grandes, ovales oblongues, duvet cotonneux en dessous. R Dans les montagnes.

Les parterres : la CRÉPIDE ROUGE, *Crepis rubra.* et *alba.*

11me — ÉPERVIÈRE. *Hieracium,* **T.** Inv. ovale. à folioles imbriquées serrées ; f. jaunes ; f. toutes entières.

1. E. PILOSELLE. H. *pilosella,* **L.** Oreilles de rat. Capitules assez gros, solitaires. à l'extrémité de pédoncules radicaux ; f. hérissées, tomenteuses. CCC. Bords des routes.

2. E. AURICULÉE. H. *auricula,* **L.** Capitules solitaires ou réunis 2 à 3 ; inv. hérissé de poils raides, noirs ; f glaucescentes, poilues, ord. solitaires à la tige. CCC. Prés et bois humides.

3. E. PULMONAIRE. H. *vulgatum,* **F.** Corymbes a

rameaux raides, à poils noirs glanduleux ; f. radicales développées, ovales, quelquefois tachées de
brun. CCC. Les bois.

4. E. DES ROCHERS. H. *murorum*, *L*. Tige ne
portant qu'une seule feuille ; corymbe à rameaux
arqués ; f. radicales vertes. CC. Bois rocheux.

Var. à f. cordées, ou à f. arrondies, à f. lancéolées.

5. E. BORÉALE. H. *boreale*, *F*. F. radicales dé-
truites à la floraison ; f. assez grandes en corymbe
allongé, persistantes ; inv. vert foncé ou noirâtre.
C. Les bois.

6. E. OMBELLÉE. H. *umbellatum*, *L*. Capitules
en un corymbe ombelliforme, hispide en bas, pubescent en haut ; f. caulinaires linéaires. C. Les
bois.

7. E. SAVOYARDE. H. *sabaudum*, *L*. H. *rigidum*,
F. Corymbe allongé, à pédoncules blanchâtres ;
inv. à folioles noirâtres. Tige élevée, feuillée. R.
Bois-taillis.

8. E. DES BOIS. H. *sylvaticum*, *Lam*. H. *vulgatum*, *F*. Tige feuillée revêtue de poils blancs ; pédoncules et involucre couverts d'un duvet blanchâtre ; f. en corymbe. C. Les bois.

9. E. A INV. LISSE. H. *lœvigatum*, *W*. Invol. à
folioles dressées, dépassant les semi-fleurons ; capitules rares, en un petit corymbe ; tige rude. R.
Bois-taillis.

10. E. VARIABLE. H. *prœaltum*, *V*. Capitules
nombreux en corymbe lâche ; inv. et pédoncules
couverts de duvet blanchâtre entremêlé de poils
glanduleux. Assez C. Collines herbeuses.

11. E. DES MARAIS. H. *paludosum*, *L*. Tige rameuse en haut ; f. glabres, amplexicaules, allon-

gées ; inv. couvert de poils noirâtres. RR. Lieux humides des bois.

12. E. VELUE. H. *villosum*, *L*. Tige peu élevée, à 2 ou 3 rameaux florifères ; f. assez grandes ; f. molles, très-velues ; inv. couvert de poils blancs mêlés de points noirs. RR. Près des montagnes.

E. ORANGÉE dans les parterres.

6me *Fraction*. — **AMBROSIACÉES.**

F. diclines en épis.

Famille. LAMPOURDE. *Xanthium strumarium*, *L*. ☉ Monoïque. F. verdâtres, les mâles en petites têtes terminales, les femelles axillaires ; tige haute de 2 pieds ; f. cordiformes, lobées ; fruit dans l'involucre devenu ligneux. Pas R. Lieux humides.

FIN.

ERRATA.

Page 121, transposez la 2ᵉ et la 3ᵉ division.
Page 143, ligne 17, ajoutez : f. rougeâtres.

TABLE ALPHABÉTIQUE

LATINE ET FRANÇAISE.

Abies,	122	*Alouchier*,	151	Armeria,	236
Abricotier,	156	Alsina,	194	Arnoseris,	268
Absinthe,	256	Althæa,	200	Arnica,	261
Acer,	203	Alyssum,	187	*Arrête-bœuf*,	161
Achillea,	264	Amanita,	68	Arrhenatherum,	103
Acrostichum,	88	*Amandier*,	156	*Arroche*,	130
Aconitum,	174	Amaranthus,	131	Artemisia,	256
Actæa,	175	*Amadou*,	41	*Artichaut*,	253
Acorus,	92	*Amélanchier*,	150	Arum,	92
Adianthum,	88	Ammi,	146	Asarum,	135
Adonis,	173	Anagallis,	237	Asclepias,	231
Adoxa,	214	Anchusa,	228	*Asperge*,	119
Ægerita,	29	*Ancholie*,	174	Asperugo,	229
Ægopodium,	140	Andromeda,	237	Asperula,	241
Æthusa,	141	Andropogon,	101	Aspidium,	87
Agaricus,	48	Androsace,	239	Asphodelus,	116
Agrimonia,	152	Anemone,	170	Asplenium,	87
Agripaume,	211	Anethum,	141	*Aster*,	265
Agrostis,	102	Angelica,	143	Astragalus,	165
Ail,	119	*Ansérine*,	129	Atriplex,	130
Aira,	107	Anthemis,	263	Atropa,	225
Airelle,	245	Anthoxanthum,	100	*Aubepine*,	149
Ajonc,	159	Anthericum,	116	*Aunée*,	261
Ajuga,	205	Anthriscus,	113	*Aulne*,	123
ALGUES MEMBRA-		Anthyllis,	161	*Auriculaire*,	31
NEUSES,	3	Antirrhinum,	215	Avena,	107
— FILAMENTEUSES,	4	Apium,	141	*Baguenaudier*,	163
— CYLINDRIQUES,	10	APÉTALES,	121	Ballota,	211
Alchemilla,	134	— RENONCULÉES,	169	*Balsamine*,	175
Alisier,	151	Aquilegia,	174	Barbarea,	180
Alisma,	120	Arabis,	184	*Bardane*,	254
Alleluia,	202	Arenaria,	194	Batrachospermum,	8
Allium,	118	Aristolochia,	135	*Bâton royal*,	200
Alnus,	123	*Argentine*,	152	*Basilic*,	209
Alopecurus,	99	*Armoise*,	256	Bellis,	265

Belladona ,	225	Byssus ,	13, 26	*Cerisier,*	155
Berberis ,	175	*Cabaret,*	135	Ceterach,	86
Belle-de-nuit,	230	Calamagrostis ,	102	Cherophyllum,	143
Benoîte,	152	Calamintha ,	208	*Champignon,*	26
Berce,	143	Calendula ,	260	*Chanvre,*	128
Berle,	145	Calepina ,	188	*Chanterelle,*	46
Bétoine,	211	Callitriche ,	127	Chara ,	89
Beta ,	130	Caltha ,	169	*Chardon ,*	251
Betonica ,	211	*Camecerisier,*	243	— *à foulon ,*	250
Betula ,	123	*Camerisier,*	243	— *étoilé ,*	255
Bidens ,	258	Camelina ,	188	— *Roland ,*	149
Bistorte ,	132	*Camomille ,*	263	— *Marie ,*	253
Blechnum ,	88	Campanula ,	246	*Charme ,*	126
Blitum ,	131	*Canche,*	107	*Châtaignier,*	126
Bleuet,	255	Cannabis ,	128	*Chélidoine ,*	179
Boletus ,	40	*Canneberge ,*	245	*Chéne ,*	125
Borrago ,	227	*Capillaire,*	88	Cheiranthus ,	179
Botrytis ,	28	Caprifolium,	243	Chenopodium ,	129
Boucage,	140	Capsella ,	186	*Chèvrefeuille ,*	243
Bouillon blanc,	222	*Capucine,*	176	*Chicorés ,*	268
Bouleau,	123	*Cardamine ,*	185	*Chiendent ,*	101
Bourdaine ,	168	*Cardère,*	250	Chlora ,	233
Bourrache,	227	*Cardon ,*	253	*Choin,*	93
Bourse à pas-		Carduncellus ,	253	Chondrilla ,	269
teur,	186	Carduus,	251	*Chou ,*	133
Bouton d'or,	172	Carex ,	95	Chrysanthemum,	262
— *d'argent ,*	264	Carlina ,	263	Chrysocoma ,	259
Botrychium ,	86	*Carotte ,*	145	Chrysosplenium ,	138
Branc-Ursine,	143	Carpinus ,	126	*Ciboule ,*	119
Brassica ,	183	Carthamus ,	253	Cichorium ,	268
Briza ,	105	Carum ,	147	Cicuta ,	141
Bromus ,	106	*Carvi,*	147	*Ciguë ,*	144
Brugnon ,	156	*Cassis ,*	149	Cineraria ,	260
Brunella ,	206	Castanea ,	126	Circea ,	139
Bruyère,	236	Caucalis ,	143	Cirsium ,	252
Bryonia ,	242	Cenomyce ,	24	*Citrouille ,*	256
Bryum ,	82	*Céleri ,*	141	Cladonia ,	25
Bugle ,	205	Centaurea ,	254	Clavaria ,	32
Buglossum ,	228	Centunculus,	237	Clematis ,	170
Buis ,	136	Cephalanthera ,	113	Clinopodium ,	208
Buisson ardent ,	150	Cerastium,	195	Cochlearia ,	186
Bunium ,	147	Cerasus,	155	*Coignassier,*	151
Buplevrum ,	147	Chantransia,	7	Collema ,	16
Butomus ,	121	Ceratophyllum,	127	Colchicum ,	116
Buxus ,	136	*Cerfeuil,*	143	*Coloquinte,*	242

Colutea, 165
Comarum, 152
Compagnon, 199
Concombre, 242
Conferva, 4
Conium, 144
Conjugata, 5
Conopodium, 147
Consoude, 227
Conyza, 262
Convallaria, 120
Convolvulus, 230
Coprinus, 70
Coquelicot, 178
Coquelourde, 199
Corallina, 7
Coralloïde, 33
Coriandrum, 144
Cormier, 159
Cornicularia, 26
Cornus, 118
Coronilla, 159
Cornouiller, 148
Corrigiola, 158
Corydalis, 178
Corylus, 126
Courge, 242
Crassula, 156
Cratægus, 151
Crepis, 270
Cresson alénois, 187
Cresson, 182
Crypsis, 100
Cucubalus, 199
Cucumis, 242
Cucurbita, 242
Cuscuta, 231
Cydonia, 151
Cynara, 253
Cynoglossum, 227
Cynosurus, 105
Cyperus, 93
Cytisus, 161
Dactylis, 105
Damasonium, 121

Daphne, 135
Datura, 226
Daucus, 115
Delphinium, 174
Dentaria, 185
Dianthus, 197
Dicranium, 80
Digitalis, 216
Diplotaxis, 180
Dipsacus, 250
Doradille, 87
Dompte-venin, 231
Doronicum, 251
Douce-amère, 224
Doucette, 249
Draba, 186
Drosera, 202
Draparnaldia, 9
Dysenterica, 262
Ectosperma, 6
Echinospermum, 229
Echium, 229
Edulis, 53
Elatine, 192
Elymus, 109
Encalypta, 80
Epautre, 108
Epervière, 271
Epilobium, 135
Epinard, 136
Epine-blanche, 151
— *vinette*, 175
Equisetum, 88
Erable, 203
Erigeron, 264
Erineum, 29
Ergot, 75
Erica, 236
Eriophorum, 91
Erodium, 192
Erucastrum, 181
Eryngium, 140
Erysimum, 180
Erysiphe, 75
Erythrea, 232

Ers, 166
Escourgeon, 109
Estragon, 256
Eupatorium, 255
Euphorbia, 135
Euphrasia, 219
Evonymus, 203
Fagopyrum, 132
Fagus, 125
Faux-Ebénier, 161
Festuca, 105
Fève, 167
Ficaria, 172
Ficus, 129
Filago, 257
Filipendule, 151
Flouve, 100
Fœniculum, 141
Fontinalis, 83
FOUGÈRES, 85
Framboisier, 154
Fragaria, 152, 153
Fraxinus, 235
Fritillaria, 117
Froment, 108
Fumaria, 177
Funaire, 81
Fusain, 203
Galanthus, 115
Galega, 165
Galeobdolon, 209
Galeopsis, 210
Galium, 239
Garance, 241
Gaude, 201
Genista, 160
Genévrier, 122
Gentiana, 232
Geranium, 191
Germandrée, 206
Gesse, 167
Geum, 152
Giroflée, 179
Glaucium, 179
Glaïeul, 114

Glecoma,	209	Hypericum,	200	Leontodon,	266
Globularia,	204	Hypocheris,	266	Leonurus,	211
Gnaphalium,	257	*Hyssope*,	208	Lepidium,	187
Gratiola,	217	Iberis,	186	Lepra,	12
Grateron,	240	Illecebrum,	157	Libanotis,	147
Grémil,	229	Ilex,	234	*Lichen*,	11
Grimmia,	80	Imbricaria,	17	— *d'Islande*,	20
Groseiller,	149	Impatiens,	175	— *pulmonaire*,	21
Gui,	148	Inula,	261	*Lierre*,	148
Guimauve,	200	Iris,	114	Ligustrum,	234
Gymnodermis.	31	Isatis,	189	*Lilas*,	235
Gymnostoma,	79	*Ivraie*,	150	Limodorum,	113
Gypsophila,	106	*Jacée*,	254	Limosella,	222
Gyrole,	44	*Jacinthe*,	117	Linaria,	215
Gyrophora,	22	Jacobea,	259	Linosyris,	259
Hedera,	148	Jasione,	247	Linum,	192
Helianthemum,	190	*Jasmin*,	234	Linkia,	3
Helianthus,	265	*Jarot*,	167	*Linaigrette*,	95
Helotium,	38	*Jonc fleuri*,	121	*Lis*,	116
Helvella,	34	*Joubarbe*,	156	*Liseron*,	230
Héliotrope,	230	Juglans,	126	*Livèche*,	143
Helleborus,	173	*Julienne*.	185	Lithospermum,	229
Helminthia,	268	Jungermania,	78	Littorella,	236
Hémérocalle,	117	Juniperus,	122	Lobelia,	248
HÉPATIQUES,	77	*Jusquiame*,	226	Lobaria,	21
Heracleum,	143	Juncus,	98	Lolium,	110
Herniaire,	157	Lactuca,	269	Lonicera,	243
Hesperis.	185	*Laitron*,	269	Lotus,	162
Hêtre,	125	*Laitue*.	269	Luteola,	201
Hieracium.	271	Lamium,	209	*Luzerne*,	163
Hippocrepis,	159	*Lampourde*,	273	Luzula,	99
Hippuris,	134	Lampsana,	267	Lycoperdon,	73
Holcus,	103	Lappa,	254	Lychnis,	198
Holosteum,	194	Larix,	122	Lycium,	224
Hordeum,	109	Laserpitium,	145	Lycopodium,	85
Hottonia,	239	Lathrea,	214	Lycopsis,	228
Houblon,	128	Lathyrus,	167	Lycopus,	212
Houx.	234	Lavandula,	208	Lysimachia,	238
Hyacinthus,	117	*Lauréole*,	135	Lythrum,	158
Hydrocharis,	110	Lavatera,	200	*Macre*,	139
Hydrodyction,	9	*Laurier*,		*Maïs*,	110
Hyduum,	39	— *Cerise*,	155	Malus,	150
Hydrocotile,	140	Lemanea,	7	Malva,	199
Hyoscyamus,	226	Lens,	167	Marchantia,	77
Hypnum,	83	Lenticula,	90	*Marguerite*,	265

Marronnier,	204	*Myrtille*,	245	Osmunda ,	86
Marrubium,	211	Myrica .	126	*Oseille*,	133
Massette,	92	Myriophyllum ,	139	Oxalis ,	202
Matricaria ,	263	*Naïade*,	92	*Panais*,	141
Mayanthemum,	120	Narcissus ,	115	Panicum ,	101
Medicago,	163	Nardus,	109	Papaver,	178
Melampyrum,	218	Nasturtium .	182	*Pâquerette*,	265
Mélèze,	122	*Navet*,	183	Parietaria ,	128
Melica,	103	Neckera .	83	Paris,	119
Melilotus ,	164	*Néflier*,	149	Parmelia ,	21
Melissa ,	208	*Nénuphar*,	176	Parnassia ,	202
Melitis,	208	Neotia ,	114	Paronychia ,	157
Mentha ,	212	Nepeta,	209	Passerina ,	134
Menyanthes,	233	*Nerprun*,	168	*Passerage*, ▸	187
Mercurialis,	136	Neslia ,	189	*Pas-d'âne*,	260
Merisier,	155	Nicotiana ,	226	*Pastel*,	189
Merisma,	33	*Nielle*,	198	Patellaria ,	11
Merulius,	46	Nigella ,	174	*Patience*,	132
Mespilus,	149	Nitella,	11	*Pavot*,	178
Mibora ,	102	Niveola ,	116	Pedicularis ,	218
Micropus ,	256	Noisetier,	126	Peltigera ,	22
Millefeuille,	264	Nostoch ,	3	Peplis ,	158
Millepertuis,	200	Nuphar,	176	Pelita ,	22
Millet,	103	Nymphea ,	176	*Perce-neige*,	115
Milium ,	103	*Obier*,	244	*Persicaire*,	132
Miroir de Vénus.	247	*OEil-de-Christ* ,	265	*Pervenche*,	231
Molène,	222	*OEillet*,	197	Petasites,	255
Moisissure, ▸	75	Œnanthe,	142	*Petit-Chêne* ,	206
Monotropa ,	189	Œnothera ,	139	*Petite Centaurée*.	232
Montia ,	158	Ononis ,	161	*Petite Ciguë*,	141
Morchella ,	73	Onopordon .	251	*Petit-Houx*,	119
Morille,	73	Ophioglossum ,	86	Peucedanum ,	145
Morus,	128	Ophrys,	112	Peziza ,	34
Mucor ,	75	Orchis,	111	Phalaris ,	100
Monilia ,	28	*Orge*,	109	Phalangium ,	116
Mousseron,	57, 62	Origanum ,	209	Phaseolus,	165
Morelle,	224	Orlaya ,	145	Phascum ,	79
Morène,	110	*Orme*,	128	Phleum ,	100
Mouron,	194	Ornithogalum ,	118	Phragmites,	104
Moutarde,	181	Ornithopus ,	159	Physalis ,	224
Muflier,	215	*Orobanche*,	213	Physcia ,	19
Muguet,	119	Orobus ,	168	Phyteuma ,	248
Muscari ,	117	*Oronge*,	69	Picea ,	122
Myosotis,	227	*Orpin*,	156	Picris,	268
Myosurus ,	173	*Ortie*,	127	Pilularia,	89

Pied-de-Chat,	257	*Radis*,	183	Sarothamnus,	160
Pigamon,	170	*Ragoule*,	57	Satureia,	208
Pimpinella,	130	*Raifort*,	186	*Sarriette*,	208
Pimprenelle,	134	*Raiponce*,	248	*Sarrète*,	254
Pinguicula,	214	Ranunculus,	171	*Sauge*,	207
Pinus,	122	Raphanus,	183	*Saule*,	123
Pisum,	167	*Rapette*,	229	Saxifraga,	137
Pissenlit,	265	*Ratoncule*,	173	Scabiosa,	250
Pixidatus,	23	*Ray-Grass*,	110	Scandix,	144
Pivoine,	175	*Réglisse*,	165	Schœnus,	93
Placodium,	15	Reseda,	201	Sclerotium,	75
Plantago,	235	*Reine des prés*,	151	Scilla,	117
Plantain d'eau,	120	Reticularia,	29	Scirpus,	94
Poa,	104	Rhamnus,	168	Scleranthus,	157
Poirée,	130	Rheum,	133	*Sceau de Salo-*	
Polycnemum,	131	Rhinanthus,	218	*mon*,	120
Polygala,	176	Rhizoctonia,	75	Scolopendrium,	88
Polygonatum,	120	Ribes,	149	Scorzonera,	267
Polygonum,	131	*Rocambole*,	119	Scrophularia,	217
Polypodium,	86	*Romarin*,	207	Scutellaria,	207
Polystichum,	87	*Roquette*,	181	Scutellis,	15
Polytric,	81	*Rosette*,	15	Scyphophorus,	23
Pomme de terre,	224	Rosa,	154	Secale,	109
Pommier,	150	Rossolis,	202	Sedum,	156
Pomme épineuse,	224	*Ruban d'eau*,	93	Selinum,	142
Populago,	169	Rubia,	241	*Séné, Sénevé*,	181
Populus,	124	Rubus,	153	Sempervivum,	156
Portulaca,	158	Rumex,	132	Senebiera,	188
Potamogeton,	90	Ruscus,	119	Senecio,	258
Potentilla,	152	Ruta muraria,	88	*Seringa*,	235
Poterium,	134	Sabina,	123	Serratula,	254
Primula,	238	*Sabline*,	194	*Serpolet*,	207
Prêle,	88	*Safran*,	115	Seseli,	142
Prenanthes,	268	Sagina,	195	Sesleria,	108
Prolifera,	8	Sagittaria,	121	Setaria,	101
Prunus,	155	*Salicaire*,	158	Sherardia,	242
Pteris,	88	Salix,	123	Silaus,	142
Puccinia,	74	*Salsifis*,	267	*Silène*,	198
Pulicaria,	262	Salvia,	207	Silybium,	253
Pulmonaria,	230	Sambucus,	244	Sinapis,	181
Pyrethrum,	263	Samolus,	239	Sisymbrium,	182
Pyrola,	235	Sanguisorba,	134	Sium,	146
Pyrus,	150	Sanicula,	140	Solanum,	223
Quercus,	125	*Sapin*,	122	Solidago,	261
Radiola,	193	Saponaria,	197	Sonchus,	269

Sorbus,	140	Thlaspi,	185	Ulva,	4
Souchet,	93	Tilia,	177	Urtica,	127
Souci,	260	Tillæa,	157	Uredo,	74
Sparganium,	93	Thuya,	123	Utricularia,	214
Spartium,	160	Thymus,	207	Vaccinium,	245
Specularia,	247	*Topinambour*,	265	Valantia,	240
Sphagnum,	79	Tordylium,	145	Valeriana,	248
Spergula,	195	Torilis,	144	Valerianella,	249
Spirea,	151	*Tormentille*,	152	Variolaria,	13
Spiranthus,	114	Tortula,	81	Vaucheria,	6
Stachys,	210	*Tourbelle*,	79	*Vélar*,	180
Stellaria,	193	Tragopogon,	267	Verbascum,	222
Stilbum,	30	Trapa,	139	Verbena,	205
Stellera,	135	Tremella,	3, 30	Veronica,	220
Stipa,	102	*Tremelle*,	30, 37	Verrucaria,	14,76
Stuta,	21	*Tremble*,	121	*Vesse-de-loup*,	73
Sureau,	244	Trifolium,	162	Viburnum,	244
Syringa,	235	Triglochin,	92	Vicia,	165
Sycomore,	203	Trinia,	146	*Vigne vierge*,	204
Tabac,	226	Triodia,	108	Vinca,	231
Tagetes,	256	Triticum,	108	Vincetoxicum,	231
Tamus,	111	*Troëne*,	234	*Viorne*,	214
Tanacetum,	256	*Trocart*,	92	Viola,	189
Tanaisie,	256	Tulipa,	117	Viscum,	148
Taraxacum,	265	Turgenia,	145	Vitis,	204
Taxus,	123	Turritis,	181	Xanthium,	273
Terre-noix,	147	Tussilago,	260	Xilostroma,	27
Telephora,	32	Typha,	92	*Yeble*,	244
Teucrium,	206	Ulex,	159	Zanichella,	91
Thalictrum,	170	Ulmus,	124	*Zonaire*,	50
Thesium,	134	Umbilicaria,	22		

FIN DE LA TABLE ALPHABÉTIQUE.

ment de la Marie, à un seul cotylédon, qui lèvent par une feuille, ont toujours un chevelu pour racine, poussent une tige qui se développe en longueur et jamais en diamètre; feuilles embrassantes, lancéolées, alongées, entières, à nervures parallèles; fleurs terminales, à périanthe tenant lieu de calice et de corolle. Les plantes bulbeuses, les graminées, etc.

5°. Les végétaux à organisation complète : dicotylédons, de *De Jussieu*; exogènes, de *Decandolle*; exorhises, de *Richard*; digènes, de *Lestiboudois*, que je propose également de nommer :

Telephites, plantes herbacées ou ligneuses, à semences dont l'embryon offre la radicule, la tigelle et deux cotylédons, levant par deux feuilles, produisant une racine ramifiée, une ou des tiges ramifiées, à feuilles nombreuses de diverses formes, et fleurs plus ou moins complètes; croissant en diamètre comme en longueur; à corolles monopétales, polypétales ou apétales.

PREMIÈRE SÉRIE DE LA VÉGÉTATION.

—

Les ATELEPHITES, ou cryptogames, acotylédons, plantes seulement celluleuses, première formation végétale, offrent quatre immenses tribus de l'organisation végétale la plus simple.

1ᵉ Tribu. — Les ALGUES.

Végétation dans l'eau, expansions membraneuses, filamenteuses, rubaneuses, flottantes,